U0201395

“十三五”职业教育国家规划教材

高职高专艺术设计专业“互联网+”创新规划教材

21世纪高职高专艺术设计系列技能型规划教材

3ds Max 2016 & VRay
室内设计案例教程

(第 3 版)

主　编　伍福军

副主编　张巧玲　黄　芳　张志敏　李　俊

主　审　林　漫

北京大学出版社

PEKING UNIVERSITY PRESS

内 容 简 介

本书根据编者多年的教学经验和对高职高专、中等职业学校及技工学校学生实际情况（强调学生的动手能力）的了解编写而成，精心挑选了 33 个案例进行详细讲解，全面介绍了室内设计的基础理论、建模技术、材质贴图技术、摄影机技术、灯光技术、渲染技术 VRay3.0 的应用和利用 Photoshop 进行后期处理的技术等。

全书内容分为室内设计基础知识，墙体、门窗、地面制作，客厅、餐厅和阳台装饰模型设计，客厅、餐厅、阳台空间表现，卧室装饰模型设计，卧室空间表现。编者将 3ds Max 2016 和 VRay3.0 的基本功能和新功能融入案例的讲解过程中，使读者可以边学边练，既能掌握软件功能，又能快速参与到案例操作过程中。本书还提供了两套书房效果图表现和厨房效果图表现的教学视频，以及 VRay3.0 插件中灯光、材质和基本参数介绍的视频。读者可以通过扫描书中的二维码读取本书提供的所有教学视频。

本书不仅适合作为高职高专、中等职业学校及技工学校的教材，也适合作为社会上短期培训班的案例教程，对于相关方面的初学者和自学者来说尤为适用。

图书在版编目（CIP）数据

3ds Max 2016&VRay 室内设计案例教程 / 伍福军主编. —3 版. —北京：北京大学出版社，2019.1
高职高专艺术设计专业"互联网+"创新规划教材
ISBN 978-7-301-29372-0

Ⅰ.①3… Ⅱ.①伍… Ⅲ.①室内装饰设计—计算机辅助设计—三维动画软件—高等职业教育—教材 Ⅳ.①TP391.41

中国版本图书馆 CIP 数据核字（2018）第 037297 号

书　　　名	3ds Max 2016 & VRay 室内设计案例教程（第 3 版）
	3ds Max 2016 & VRay SHINEI SHEJI ANLI JIAOCHENG（DI SAN BAN）
著作责任者	伍福军　主编
责任编辑	孙　明
数字编辑	刘　蓉
标准书号	ISBN 978-7-301-29372-0
出版发行	北京大学出版社
地　　　址	北京市海淀区成府路 205 号　100871
网　　　址	http://www.pup.cn　新浪微博：@北京大学出版社
电子信箱	pup_6@163.com
电　　　话	邮购部 010-62752015　发行部 010-62750672　编辑部 010-62750667
印 刷 者	天津中印联印务有限公司
经 销 者	新华书店
	787 毫米×1092 毫米　16 开本　16 印张　彩插 2　374 千字
	2009 年 1 月第 1 版　2011 年 9 月第 2 版
	2019 年 1 月第 3 版　2023 年 2 月第 7 次印刷（总第 17 次印刷）
定　　　价	45.00 元

第 3 版前言

本书根据编者多年的教学经验和对高职高专、中等职业学校及技工学校学生实际情况(强调学生的动手能力)的了解编写而成，精心挑选了 33 个案例进行详细讲解，全面介绍室内设计的基础理论、建模技术、材质贴图技术、摄影机技术、灯光技术、渲染技术、VRay3.0 的应用和利用 Photoshop 进行后期处理的技术等。编者将 3ds Max 2016 和 VRay3.0 的基本功能和新功能融入案例的讲解过程中，使读者可以边学边练，既能掌握软件功能，又能快速参与到案例操作过程中。

全书知识结构如下。

第 1 章　室内设计基础知识，主要介绍室内设计的相关理论、3ds Max 2016 的基础建模、贴图和灯光基础知识等。

第 2 章　墙体、门窗、地面制作，主要介绍墙体、门窗、地面的模型制作原理、方法及技巧。

第 3 章　客厅、餐厅、阳台装饰模型设计，主要介绍客厅、餐厅、阳台和相关家具装饰模型制作的原理、方法及技巧。

第 4 章　客厅、餐厅、阳台空间表现，主要介绍客厅、餐厅、阳台空间表现的流程、原理方法及技巧。

第 5 章　卧室装饰模型设计，主要介绍卧室装饰模型设计的原理、方法及技巧。

第 6 章　卧室空间表现，主要介绍卧室空间表现的流程、原理、方法及技巧。

本书在结构上采用了项目预览→项目效果及制作步骤(流程)分析→项目详细过程→项目小结→项目拓展训练的方法来写。第一步，让学生观看案例效果，激起学生的兴趣，以使其了解案例完成后的效果；第二步，对案例制作流程(步骤)进行分析，使学生在制作前了解整个案例制作的大致步骤，做到心中有数；第三步，详细介绍整个案例制作的步骤，学生可以按照书上的详细步骤顺利完成案例的制作；第四步，通过拓展训练，使学生巩固和加强前面所学知识点。教师在教学中也可以根据学生的实际情况指导学生进行拓展训练，培养学生举一反三的能力。

本书内容丰富，除作为教材外，还可作为室内设计者与爱好者的工具书。阅读本书的过程中，读者可随时翻阅、查找需要的案例效果制作内容。本书的每一章都有建议学时，供教师教学和学生自学时参考，同时配有案例效果文件。

针对"3ds Max 2016&VRay 室内设计"的课程特点，为了使学生更加直观地理解结构特点，也方便教师教学讲解，我们以"互联网+"教材的模式开发了与本书配套的手机 APP 客户端"巧课力"。读者可通过扫描封二中所附的二维码进行手机 APP 下载。"巧课力"

通过 AR 增强现实技术，将书中的一些结构图转化成可任意角度旋转，可放大、缩小的三维模型。读者打开"巧课力"APP 客户端之后，将摄像头对准"切口"带有色块和"互联网+"logo 的页面，即可在手机上多角度、任意大小、交互式查看页面效果图所对应的三维模型。除增强现实的三维模型技术之外，书中通过二维码的形式链接了教学视频，读者通过手机的"扫一扫"功能，扫描书中的二维码，即可在课堂内外进行相应知识点的拓展学习。作者也会根据行业发展情况，及时更新二维码所链接的资源，以便书中内容与行业发展结合更为紧密。

本书由伍福军担任主编，由张巧玲、黄芳、张志敏、李俊担任副主编。张志敏负责本书英文命令的翻译、校对工作，林漫对本书进行了审读，在此表示感谢！

由于编者水平有限，本书可能存在疏漏之处，敬请广大读者批评指正！联系电子信箱：281573771@qq.com、763787922@163.com。

编　者

2018 年 8 月

【内容简介】

【前言】

【资源索引】

目　　录

第 1 章　室内设计基础知识 1

　　项目 1：了解室内设计理论 2

　　项目 2：室内和家具的基本尺寸 7

　　项目 3：室内效果表现的基本美学知识 11

　　项目 4：3ds Max 2016 基础知识 15

　　项目 5：室内模型 19

　　项目 6：材质 34

　　项目 7：灯光与渲染 39

　　项目 8：效果图制作基础操作 46

第 2 章　墙体、门窗、地面制作 53

　　项目 1：墙体制作 54

　　项目 2：门窗制作 64

　　项目 3：地面制作 75

第 3 章　客厅、餐厅、阳台装饰模型设计 82

　　项目 1：沙发模型的制作 83

　　项目 2：茶几模型的制作 96

　　项目 3：液晶电视模型的制作 103

　　项目 4：电视柜模型的制作 109

　　项目 5：隔断模型的制作 116

　　项目 6：餐桌椅模型的制作 119

　　项目 7：酒柜模型的制作 129

　　项目 8：客厅、餐厅和阳台的装饰模型制作 132

第 4 章　客厅、餐厅、阳台空间表现 142

　　项目 1：室内渲染基础知识 144

　　项目 2：对客厅、餐厅和阳台材质进行粗调 151

　　项目 3：参数优化、灯光布置和输出光子图 168

　　项目 4：对客厅、餐厅和阳台材质进行细调和渲染输出 173

　　项目 5：对客厅、餐厅和阳台进行后期合成处理 178

第 5 章　卧室装饰模型设计 188

　　项目 1：床头柜装饰模型的制作 189

　　项目 2：床装饰模型的制作 192

　　项目 3：台灯和吊灯装饰模型的制作 201

　　项目 4：床尾电视柜装饰模型的制作 207

　　项目 5：卧室装饰模型的制作 211

第 6 章　卧室空间表现 223

　　项目 1：卧室材质粗调 224

　　项目 2：参数优化、灯光布置和输出光子图 230

　　项目 3：卧室材质细调和渲染输出 234

　　项目 4：卧室效果图后期处理 238

参考文献 249

第1章
室内设计基础知识

技能点

项目1：了解室内设计理论
项目2：室内和家具的基本尺寸
项目3：室内效果表现的基本美学知识
项目4：3ds Max 2016 基础知识
项目5：室内模型
项目6：材质
项目7：灯光与渲染
项目8：效果图制作基础操作

说　明

本章主要通过 8 个项目全面介绍室内家具设计的基本尺寸、室内设计与风水、室内设计理论、室内效果图制作的基本美学知识、3ds Max 2016 基础知识、室内模型的制作方法、材质、灯光与渲染和效果图制作相关的基本操作。本章的内容对于初学者来说仅是对本书知识的初步了解，便于后面章节的学习。

教学建议课时数

一般情况下需要 10 课时，其中理论 4 课时，实际操作 6 课时(特殊情况可做相应调整)。

【第 1 章：室内设计基础知识(基本介绍)】

室内效果图是装潢设计公司在装修之前向客户表达自己设计思想和设计意图的最好方法与途径，也是竞标的重要资料之一。它可以让客户在第一时间直观地感受到装潢完成后的室内效果。随着科学技术的发展，国内设计效果图的制作水平得到了突飞猛进的发展，效果图的质量和从业人员的制作水平越来越高，再加上计算机软件功能的不断增强、房地产行业的迅猛发展，极大地推动了装潢设计行业的发展。制作效果图的软件非常多，如 3ds Max、Auto CAD、SketchUp、LightScape、Photoshop、天正、Auto desk VIZ、Premiere Pro 等，其中以 3ds Max、SketchUp、Photoshop 相结合最为流行，制作出来的效果图可以达到照片级水平。

项目1：了解室内设计理论

一、项目预览

项目效果和相关素材位于"第 1 章/项目 1"文件夹中。本项目主要介绍室内设计需要了解的相关理论知识。

二、项目效果及制作步骤(流程)分析

项目部分效果图：
理论基础知识，无效果图。
项目大致步骤：

任务一：室内设计的含义➡任务二：室内设计的基本内容➡任务三：室内设计的基本观点➡任务四：室内设计的依据和要求➡任务五：室内设计的发展趋势

三、项目详细过程

项目引入：

(1) 什么叫室内设计？

(2) 室内设计主要包括哪些内容？

(3) 目前室内设计的主要观点有哪些？

(4) 室内设计的依据是什么？对室内设计主要有哪些要求？

(5) 室内设计的主要发展趋势是什么？

任务一：室内设计的含义

室内设计是根据建筑物的使用性质、所处环境和相应标准，运用物质技术手段和建筑美学的原理，创造功能合理、舒适优美、满足人们物质和精神生活需要的室内环境。

由于人们长时间生活活动于室内，因此，室内环境必然会直接关系到人们室内生活和生产活动的质量，关系到人们的安全、健康、效率、舒适等问题。室内环境的设计应该将保障安全和有利于人的身心健康作为首要前提。人们对于室内环境，除了使用安排、冷暖

【项目1：基本概况】

【任务一：室内设计的含义】

光照等物质功能方面的要求之外，还要考虑与建筑物的类型相适应的室内环境氛围、风格等。

视频播放："任务一：室内设计的含义"的详细介绍，请观看"任务一：室内设计的含义.mp4"视频文件。

任务二：室内设计的基本内容

现代室内设计也称室内环境设计，它所包含的内容和传统的室内装饰相比涉及的面更广、相关的因素更多、内容也更为深入。

室内环境设计的内容涉及由界面围成的空间形状、空间尺度和空间环境，室内声、光、热环境，室内空气环境(空气质量、有害气体和粉尘含量、放射剂量……)等室内客观环境因素。如果从人对室内环境身心感受的角度来分析，室内环境主要有室内视觉环境、听觉环境、触感环境、嗅觉环境等，即人们对环境的生理和心理的主观感受，其中又以视觉感受最为直接和强烈。客观环境因素和人们对环境的主观感受是现代室内环境设计需要探讨和研究的主要问题。

视频播放："任务二：室内设计的基本内容"的详细介绍，请观看"任务二：室内设计的基本内容.mp4"视频文件。

任务三：室内设计的基本观点

现代室内设计除了要满足现代功能、符合时代精神的要求之外，还需要确立下述的一些基本观点。

1. 以满足人和人际活动的需要为核心

"为人服务，这正是室内设计社会功能的基石。"室内设计的目的是通过创造室内空间环境为人服务，设计者始终需要将人对室内环境的要求，包括物质使用和精神两方面，放在设计的首位。由于在设计的过程中矛盾错综复杂、问题千头万绪，设计者需要清醒地认识到以人为本、为人服务，以为确保人们的安全和身心健康、为满足人和人际活动的需要作为设计的核心。为人服务这一平凡的真理，在设计时往往会有意或无意地因从多项局部因素考虑而被忽视。

从为人服务这一"功能的基石"出发，需要设计者细致入微、设身处地地为人们创造美好的室内环境。因此，现代室内设计特别重视将人体工程学、环境心理学、审美心理学等方面的研究，用以科学地、深入地了解人们的生理特点、行为心理和视觉感受等方面对室内环境的设计要求。

2. 环境整体观

现代室内设计的立意、构思，室内风格和环境氛围的创造，需要着眼于对环境整体来考虑。

室内设计的"里"和室外环境的"外"，是一对相辅相成、辩证统一的矛盾，想要更深入地做好室内设计，就需要对环境整体有足够的了解和分析，着手于"室内"，着眼于"室外"。

【任务二：室内设计的基本内容】　　【任务三：室内设计的基本观点】

3

现代室内设计包括室内空间环境、视觉环境、空气质量环境、声光热等物理环境、心理环境等方面，在室内设计时固然需要重视视觉环境的设计，但不应局限于视觉环境，对室内声、光、热等物理环境，空气质量环境及心理环境等因素也应重视。因为人们对室内环境是否舒适的感受，总是综合的。一个闷热、噪声背景很高的室内，即使看上去很漂亮，待在里面也很难给人愉悦的感受。

3. 科学性与艺术性的结合

现代室内设计的又一个基本观点，是在创造室内环境中高度重视科学性，高度重视艺术性，及两者的相互的结合。社会生活和科学技术的进步，人们价值观和审美观的改变，促使室内设计必须充分重视并积极运用当代科学技术的成果，包括新型的材料、结构构成和施工工艺，以及为创造良好声、光、热环境的设施设备。设计者必须认真地以科学的方法，分析和确定室内物理环境和心理环境的优劣。

现代室内设计，一方面需要充分重视科学性，另一方面又需要充分重视艺术性，在重视物质技术手段的同时，高度重视建筑美学原理，重视创造具有表现力和感染力的室内空间和形象，创造具有视觉愉悦感和文化内涵的室内环境，使生活在现代社会高科技、高节奏中的人们，在心理上、精神上得到平衡，即现代建筑和室内设计中的高科技和高情感问题。

4. 动态、可持续的发展观

现代室内设计的一个显著特点，是它对于由时间的推移，从而引起室内功能相应的变化和改变，显得特别突出和明显。当今社会生活节奏日益加快，建筑室内的功能复杂而又多变，室内装饰材料、设施设备，甚至门窗等配件的更新换代也日新月异。总之，作为现代室内环境的设计者和创造者，不能急功近利、只顾眼前，而要确立节能、充分节约与利用室内空间、力求运用无污染的"绿色装饰材料"，以及创造人与环境、人工环境与自然环境相协调的观点。

视频播放："任务三：室内设计的基本观点"的详细介绍，请观看"任务三：室内设计的基本观点.mp4"视频文件。

任务四：室内设计的依据和要求

1. 室内设计的依据

室内设计必须事先对所在建筑物的功能特点、设计意图、结构构成、设施设备等情况充分掌握，进而对建筑物所在地区的室外环境等也要有所了解。具体地说，室内设计主要有以下几项依据。

(1) 人体尺度及人们在室内停留、活动、交往、通行时的空间范围。首先是人体的尺度和动作区域所需的尺寸和空间范围、人们交往时符合心理需求的人际距离，以及人们在室内通行时各处有形无形的通道宽度。人体的尺度即人体在室内完成各种动作时的活动范围，是人们确定室内诸如门扇的高宽度、踏步的高宽度、窗台阳台的高度、家具的尺寸及其相间距离，以及楼梯平台、室内净高等的最小高度的基本依据；涉及人们在不同性质的室内空间内人们的心理感受，还要顾及并满足人们心理感受需求的最佳空间范围。

【任务四：室内设计的依据和要求】

上述的依据可以归纳为静态尺度、动态活动范围和心理需求范围。

(2) 家具、灯具、设备、陈设等尺寸，以及使用、安置它们时所需的空间范围。室内空间里，除了人的活动外，主要占用空间的内含物有家具、灯具、设备。对于灯具、空调设备、卫生洁具等，除了有本身的尺寸及使用、安置时必需的空间范围之外，值得注意的是，此类设备、设施，由于在建筑物的土建设计与施工时，对管网布线等都已有整体布置，室内设计时应尽可能在它们的接口处予以连接、协调。对于出风口、灯具位置等从室内使用合理和造型等方面要求，适当在接口上做些调整也是允许的。

(3) 室内空间的结构构成、构件尺寸、设施管线等的尺寸和制约条件。室内空间的结构体系、柱网的开间间距、楼面的板厚梁高、风管的断面尺寸及水电管线的走向和铺设要求等，都是组织室内空间时必须考虑的。有些设施内容，如风管的断面尺寸、水管的走向等，在与有关工种的协调下可做调整，但仍然是必要的依据条件和制约因素。

(4) 符合设计环境要求、可供选用的装饰材料和可行的施工工艺。由设计设想变成现实，必须使用可供选用的地面、墙面、顶棚等各个界面的装饰材料，采用切实可行的施工工艺，这些依据条件必须在设计开始时就考虑到，以保证设计图的可行性。

2. 室内设计的要求

(1) 具有使用合理的室内空间组织和平面布局，提供符合使用要求的室内声、光、热效应，以满足室内环境物质功能的需要。

(2) 具有造型优美的空间构成和界面处理，宜人的光、色和材质配置，符合建筑物特性的环境气氛，以满足室内环境精神功能的需要。

(3) 采用合理的装修构造和技术措施，选择合适的装饰材料和设施设备，使其具有良好的经济效益。

(4) 符合安全、防火、卫生等设计规范，遵守与设计任务相适应的有关定额标准。

(5) 随着时间的推移，考虑具有适应调整室内功能、更新装饰材料和设备的可能性。

(6) 联系到可持续性发展的要求，室内环境设计应考虑室内环境的节能、节材、防止污染，并注意充分利用和节省室内空间。

从上述室内设计的依据条件和设计要求的内容来看，想做一名设计师，或者说想做一名优秀设计师，应该按下述各项要求的方向去努力提高自己。

(1) 具有建筑单位设计和环境总体设计的基本知识，特别是对建筑单体功能分析、平面布局、空间组织、形体设计的必要知识，具有对总体环境艺术和建筑艺术的理解和素养。

(2) 具有建筑材料、装饰材料、建筑结构与构造、施工技术等建筑材料和建筑技术方面的必要知识。

(3) 具有对声、光、热等建筑物理，以及风、光、电等建筑设备的必备知识。

(4) 对一些学科，如人体工程学、环境心理学等，以及现代计算机技术具有必要的知识和了解。

(5) 具有较好的艺术素养和设计表达能力，对历史传统、人文民俗、乡土风情等有一定的了解。

(6) 熟悉有关建筑和室内设计的法规和规章。

视频播放: "任务四:室内设计的依据和要求"的详细介绍,请观看"任务四:室内设计的依据和要求.mp4"视频文件。

任务五: 室内设计的发展趋势

随着社会的发展和时代的推移,现代室内设计具有以下发展趋势。

(1) 从总体上看,室内环境设计学科的相对独立性日益增强,同时,与多学科、边缘学科的联系和结合趋势也日益明显。现代室内设计除了仍以建筑设计作为学科发展的基础外,工艺美术和工业设计的一些观念、思考和工作方法也日益在室内设计中显示其作用。

(2) 室内设计的发展适应于当今社会发展的特点,趋向于多层次、多风格,即室内设计由于使用对象的不同、建筑功能和投资标准的差异明显地呈现出多层次、多风格的发展趋势。但需要着重指出的是,不同层次、不同风格的现代室内设计都将更加重视人们在室内空间中的精神因素的需要和环境的文化内涵。

(3) 专业设计进一步深化和规范化的同时,业主及大众参与的势头也将有所加强。

(4) 设计、施工、材料、设施、设备之间的协调和配套关系加强,各部分自身的规范化进程进一步完善。

(5) 由于室内环境具有周期更新的特点,且其更新周期相对较短,因此在设计、施工技术与工艺方面优先考虑干式作业、块件安装、预留措施等的要求日益突出。

(6) 从可持续发展的宏观要求出发,室内设计将更为重视防止环境污染的"绿色装饰材料"的运用,考虑节能与节省室内空间,创造有利于身心健康的室内环境。

视频播放: "任务五:室内设计的发展趋势"的详细介绍,请观看"任务五:室内设计的发展趋势.mp4"视频文件。

四、项目小结

本项目主要介绍了室内设计的含义、基本内容、基本观点、依据、要求和发展趋势。重点要求掌握室内设计的含义、基本内容和发展趋势。

五、项目拓展训练

根据本项目的学习,请读者通过查阅资料和网络等手段收集资料,撰写一篇 2000 字左右的文章,阐述自己对室内设计的理解。

【任务五:室内设计的发展趋势】　　　【项目1:小结与拓展训练】

项目 2：室内和家具的基本尺寸

一、项目预览

项目效果和相关素材位于"第 1 章/项目 2"文件夹中。本项目主要介绍室内空间和家具的基本尺寸。

二、项目效果及制作步骤(流程)分析

项目部分效果图：

理论基础知识，无效果图。

项目大致步骤：

任务一：各种家具的基本尺寸➡任务二：室内常用尺寸➡任务三：室内设计的其他尺寸

三、项目详细过程

项目引入：

(1) 室内设计中常用家具有哪些？

(2) 了解常用家具的基本尺寸。

(3) 室内设计其他尺寸包括哪些？

(4) 为什么要了解室内和家具的基本尺寸？

任务一：各种家具的基本尺寸

(1) 衣橱。

深度：60～65cm；衣橱门宽度：40～65cm。

(2) 推拉门。

门宽：75～150cm；高度：190～240cm。

(3) 矮柜。

深度：35～45cm；柜门宽度：30～60cm。

(4) 电视柜。

深度：45～60cm；高度：60～70cm。

(5) 单人床。

宽度：90cm、105cm、120cm；长度：180cm、186cm、200cm、210cm。

(6) 双人床。

宽度：135cm、150cm、180cm；长度：180cm、186cm、200cm、210cm。

(7) 圆床。

直径：186cm、212.5cm、242.4cm(常用)。

【项目 2：基本概况】

【任务一：各种家具的基本尺寸】

(8) 室内门。

宽度：80~95cm；高度：190cm、200cm、210cm、220cm、240cm。

(9) 厕所门、厨房门。

宽度：80cm、90cm；高度：190cm、200cm、210cm。

(10) 窗帘盒。

高度：12~18cm；深度：单层布12cm，双层布16~18cm(实际尺寸)。

(11) 沙发。

① 单人式。

长度：80~95cm；深度：80~90cm；坐垫高：35~42cm；背高：70~90cm。

② 双人式。

长度：126~150cm；深度：80~90cm；坐垫高：35~42cm；背高：70~90cm。

③ 三人式。

长度：175~196cm；深度：80~90cm；坐垫高：35~42cm；背高：70~90cm。

④ 四人式。

长度：232~252cm；深度：80~90cm；坐垫高：35~42cm；背高：70~90cm。

(12) 茶几。

① 小型的长方形茶几。

长度：60~75cm；宽度：45~60cm；高度：38~50cm(38cm最佳)。

② 中型的长方形茶几。

长度：120~135cm；宽度：38~50cm或60~75cm；高度：38~50cm(38cm最佳)。

③ 正方形茶几。

长度：75~90cm；高度：43~50cm。

④ 大型的长方形茶几。

长度：150~180cm；宽度：60~80cm；高度：33~42cm(33cm最佳)。

⑤ 圆形茶几。

直径：75cm、90cm、105cm、120cm；高度：33~42cm。

(13) 书桌。

① 固定式。

深度：45~70cm(60cm最佳)；高度：75cm。

② 活动式。

深度：65~80cm；高度：75~78cm。

(14) 餐桌。

① 一般的餐桌。

高度：75~78cm(中式)，68~72cm(西式)；宽度：75cm、90cm、120cm。

② 长方桌。

宽度：80cm、90cm、105cm、120cm；长度：150cm、165cm、180cm、210cm、240cm。

③ 圆桌。

直径：90cm、120cm、135cm、150cm、180cm。

(15) 书架。

深度：25～40cm(每一格)；长度：60～120cm。

(16) 活动未及顶高的柜。

深度：45cm；高度：180～200cm。

视频播放："任务一：各种家具的基本尺寸"的详细介绍，请观看"任务一：各种家具的基本尺寸.mp4"视频文件。

任务二：室内常用尺寸

(1) 墙面。

踢脚线高：8～20cm；墙裙高：80～150cm；挂镜线高：160～180cm(镜中心距地面高度)。

(2) 餐厅。

① 餐桌。

高：75～79cm。

② 餐椅。

高：45～50cm。

③ 圆桌直径。

4 人：50cm、80cm、90cm；5 人：110cm；6 人：125cm；8 人：130cm；10 人：150cm；12 人：180cm。

④ 方餐桌。

2 人：70cm×85cm；4 人：135cm×85cm；8 人：225cm×85cm。

⑤ 酒吧台。

高：90～105cm；宽：50cm。

⑥ 酒吧凳。

高：60～75cm。

(3) 浴室。

① 淋浴器。

高：210cm。

② 化妆台。

长：135cm；宽：45cm。

视频播放："任务二：室内常用尺寸"的详细介绍，请观看"任务二：室内常用尺寸.mp4"视频文件。

任务三：室内设计的其他尺寸

(1) 卫生间里的用具占地面积。

① 马桶占地面积一般为 37cm×60cm。

② 悬挂式或圆柱式盥洗池占地面积一般为 70cm×60cm。

③ 正方形淋浴间的占地面积一般为 80cm×80cm。

【任务二：室内常用尺寸】　　　【任务三：室内设计的其他尺寸】

④ 浴缸的标准面积一般为 160cm×70cm。

(2) 浴缸与对面的墙之间的距离。

此距离一般为 100cm。想要在周围活动的话这是个合理的距离。即使浴室很窄，也要在安装浴缸时留出走动的空间。浴缸和其他墙面或物品之间至少要有 60cm 的距离。

(3) 安装一个盥洗池，并能方便地使用，所需要的空间。

此空间一般为 90cm×105cm。这个尺寸适用于中等大小的盥洗池，并能容下另一个人在旁边洗漱。

(4) 两个洗手洁具之间应该预留的距离。

此距离一般为 20cm。这个距离包括马桶和盥洗池之间，或者洁具和墙壁之间的距离。

(5) 相对摆放的澡盆和马桶之间应该保持的距离。

此距离一般为 60cm。这是能从中间通过的最小距离，所以一个能相向摆放的澡盆和马桶的洗手间至少应该有 180cm 宽。

(6) 要想在里侧墙边安装下一个浴缸的话，洗手间预留的宽度。

此宽度一般为 180cm。这个距离对于传统浴缸来说是非常合适的。如果浴室比较窄的话，就要考虑安装小型的带座位的浴缸了。

(7) 镜子安装的一般高度。

此高度一般为 135cm。这个高度可以使镜子正对着人的脸。

(8) 双人主卧室的标准面积。

此面积一般为 $12m^2$。在房间里除了床以外，还可以放一个双开门的衣柜(120cm×60cm)和两个床头柜。在一个 3m×4.5m 的房间里可以放更大一点的衣柜；或者选择小一点的双人床，再在梳妆台和写字台之间选择其一，还可以在摆放衣柜的地方选择一个带更衣间的衣柜。

(9) 如果把床斜放在角落里，需要预留的空间。

此空间一般为 360cm×360cm。这是适合于较大卧室的摆放方法，可以根据床头后面墙角空地的大小再摆放一个储物柜。

(10) 两张并排摆放的床之间应该预留的距离。

此距离一般为 90cm。两张床之间除了能放下两个床头柜以外，还应该能让两个人自由走动，床的外侧也不例外，这样才能方便地清洁地板和整理床上用品。

(11) 如果衣柜放在与床相对的墙边，它们之间应该预留的距离。

此距离一般为 90cm。这个距离是为了能方便地打开柜门而不至于被绊倒在床上。

(12) 衣柜的高度。

此高度一般为 240cm。这个尺寸考虑到了在衣柜里能放下长一些的衣物(160cm)，并在上部留出了放换季衣物的空间(80cm)。

(13) 交通空间。

① 楼梯间休息平台净空：等于或大于 210cm。

② 楼梯跑道净空：等于或大于 230cm。

③ 楼梯扶手高：85～110cm。

④ 门的常用宽尺寸：85～100cm。

⑤ 窗的常用宽尺寸：40～180cm(不包括组合式窗子)。

⑥ 窗台高：80～120cm。

(14) 灯具。

① 大吊灯最小高度：240cm。

② 壁灯高：150～180cm。

③ 反光灯槽最小直径：等于或大于灯管直径的两倍。

④ 壁式床头灯高：120～140cm。

⑤ 照明开关高：130～150cm。

(15) 办公家具。

① 办公桌。

长：120～160cm；宽：50～65cm；高：70～80cm。

② 办公椅。

高：40～45cm；长×宽：45cm×45cm。

③ 沙发。

宽：60～80cm；高：35～40cm；靠背高：100cm。

④ 茶几。

前置型：90cm×40cm×40cm(高)；中心型：90cm×90cm×40cm(高)、70cm×70cm×40cm(高)；左右型：60cm×40cm×40cm(高)。

⑤ 书柜。

高：180cm；宽：120～150cm；深：45cm。

　　视频播放："任务三：室内设计的其他尺寸"的详细介绍，请观看"任务三：室内设计的其他尺寸.mp4"视频文件。

四、项目小结

　　本项目主要介绍了室内设计中各种家具的基本尺寸、常用尺寸和室内设计的其他尺寸。重点要求掌握室内设计中常用家具的基本尺寸，其他只作了解，在设计过程中可以参考本项目或室内设计资料集等资料。

五、项目拓展训练

　　根据本项目的学习，请读者掌握室内设计中常用的沙发、餐桌、电视柜、酒柜、椅子、写字桌及其他办公设备的基本尺寸。

项目 3：室内效果表现的基本美学知识

一、项目预览

　　项目效果和相关素材位于"第 1 章/项目 3"文件夹中。本项目主要介绍室内效果表现的基本美学知识。

【项目 2：小结与拓展训练】　　　【项目 3：基本概况】

二、项目效果及制作步骤(流程)分析

项目部分效果图：

理论基础知识，无效果图。

项目大致步骤：

任务一：了解室内效果表现色彩的基础知识➡任务二：了解室内效果表现的基本构图➡
任务三：了解室内效果表现中灯光的基础知识

三、项目详细过程

项目引入：

(1) 室内效果图制作需要了解哪些相关的色彩知识？

(2) 室内效果表现的基本构图需要注意哪些方面？

(3) 室内效果表现中灯光的主要作用是什么？

任务一：了解室内效果表现色彩的基础知识

人类在长期的生活实践中，对不同的色彩积累了不同的生活感受和心理感受，会产生不同的联想。例如，太阳、火焰都是红色的，红色给人以温暖、热烈、刺激的心理感觉；春天的田野、生机勃勃的植物呈现为绿色，绿色使人心中充满生机，感到宁静、平和、悠然；天空、大海都是蓝色的，这种颜色能给人辽阔、深远、寒冷、神秘、梦幻般的感觉；云朵、霜雪、月光和一切白色的物体让人感到光明、纯真、圣洁、明朗；黑色往往与黑暗、深洞、枯井相联结，让人感到沉闷、压抑、严肃、不祥、恐怖等。同时，色彩还有暖色和冷色之分。暖色给人视觉上的刺激力强；冷色给人视觉上的刺激力弱，具有收缩感。同样，不同的颜色也会使人产生不同的视觉感受和心理感受，因此，室内效果图的色彩一定要符合人们的审美观。在确定室内效果图的色彩时，除了遵守一般的色彩规律外，还应随着地域、民族的不同而有所变化。

一般情况下，家庭室内效果图多采用暖色调，而大型的公共场所空间多采用冷色调。

(1) 家装效果图的不同空间，读者可以参考以下建议。

① 客厅：客厅是家庭中的主要活动空间，色彩以中性色为主，强调明快、活泼、自然，不宜用太强烈的色彩，整体上要给人一种舒适的感觉。

② 卧室：卧室色彩最好偏暖色调、柔和一些，这样有利于休息。

③ 书房：书房多强调雅致、庄重、和谐的格调，可以选用灰、褐绿、浅蓝、浅绿等颜色，同时点缀少量字画，渲染书香气氛。

④ 餐厅：餐厅可以采用暖色调，如乳黄、柠檬黄、淡绿等。

⑤ 卫生间：卫生间色调以素雅、整洁为宜，如白色、浅绿色、使之有洁净之感。

⑥ 厨房：厨房以明亮、洁净为主色调，可以应用淡绿、浅蓝、白色等颜色。

注意： 上面所提供的建议只是一个参考，应用到具体的设计中时，应根据实际情况区别对待。

(2) 在确定室内空间的色彩时，可以遵循以下基本步骤。

【任务一：了解室内效果表现色彩的基础知识】

① 先确定地面的颜色，然后以此作为定调的标准。

② 根据地面的颜色确定顶面的颜色，通常顶面的颜色明度较高，与地面呈对比关系。

③ 确定墙面的颜色，它是顶面与地面颜色的过渡，常采用中间的灰色调，同时还要考虑与家具颜色的衬托与对比。

④ 确定家具的颜色，它的颜色无论在明度、饱和度或色相上都要与整体形成统一。

视频播放："任务一：了解室内效果表现色彩的基础知识"的详细介绍，请观看"任务一：了解室内效果表现色彩的基础知识.mp4"视频文件。

任务二：了解室内效果表现的基本构图

构图是一门很重要的学科，需要长时间的积累，在室内效果图设计中也很重要，由于篇幅问题就不展开介绍，感兴趣的读者可以看一些关于构图方面的专业书籍。在此只从室内效果图设计的平衡、统一、比例 3 个方面作简单介绍。

1. 平衡

所谓平衡，是指空间构图中各元素的视觉分量给人以稳定的感觉。不同的形态、色彩、质感在视觉传达和心理上会产生不同的分量感觉，只有不偏不倚的稳定状态，才能产生平衡、庄重、肃穆的美感。

平衡有对称平衡和非对称平衡之分。对称平衡是指画面中心两侧或四周的元素具有相等的视觉分量，给人以安全、稳定、庄严的感觉；非对称平衡是指画面中心两侧或四周元素比例不等，但是利用视觉规律，通过大小、形状、远近、色彩等因素来调节构图元素的视觉分量，从而达到一种平衡状态，给人以新颖、活泼、运动的感觉。

2. 统一

统一是设计中的重要原则之一，制作效果图时也是如此，一定要使画面拥有统一的思想与风格，把所涉及的构图要素运用艺术创造出协调统一的感觉。这里所说的统一，是指构图元素的统一、色彩的统一、思想的统一、氛围的统一等多方面。统一不是单调，在强调统一的同时，切忌将作品推向单调，应该是既不单调又不混乱，既有起伏又有协调的整体艺术效果。

3. 比例

在进行室内效果图设计的构图中，比例是一个很重要的问题，它主要包括两个方面：一是造型比例，二是构图比例。

对于效果图中的各种造型，不论其形状如何，都存在长、宽、高 3 个方面的度量。这 3 个方面的度量比例一定要合理，物体才会给人以美感。例如，绘制别墅效果图，其中长、宽、高就是一个比例问题，只有比例设置合理，效果图看起来才逼真，这是每位设计者都能体会得到的。实际上，在设计领域中有一个非常实用的比例关系，黄金分割——1∶1.618，这对人们设计建筑效果图有一定的指导意义。当然，在设计过程中也可以实际情况作相应的处理。

当设计的模型具备了比例和谐的造型后，将它放在一个环境中时，需要强调构图比例，

【任务二：了解室内效果表现的基本构图】

理想的构图比例有 2∶3、3∶4、4∶5 等，这也不是绝对的，只是提供一个参考。对于室内效果图来说，主体与环境设施、人体、树木等要保持合理的比例，整体空间与局部空间比例要合理，家具、日用品、灯具等的比例要与房间比例协调。

视频播放："任务二：了解室内效果表现的基本构图"的详细介绍，请观看"任务二：了解室内效果表现的基本构图.mp4"视频文件。

任务三： 了解室内效果表现中灯光的基础知识

灯光是表现效果图最关键的一项技术，无论是表现夜景还是日景，都要把握好光线的变化。在设置灯光时要注意避免出现大块的光斑，也要避免出现大块的不合理阴影；还要注意表现光能传递效果。在进行布光时，切忌整个空间只设置一盏灯，使空间变得非常直白，而应该根据设计要求布置灯光，让画面出现层次感。光与影是密不可分的，因此，在表现室内效果图时对影子的处理应注意 3 个方面。第一，在一般的环境中不存在纯黑色阴影。第二，影子的边缘应该进行模糊处理。第三，如果室内不是一个光源，影子的方向会不一致。

在设计过程中要注意：不同的灯光与不同的颜色混合在一起会产生不同的色彩效果。当灯光照射到物体上时，会直接影响人们对该物品的颜色感觉。例如，一个红色的物体在红色的灯光照射下，可以强调该物体的色调，令它更为突出；相反，若将红色物体放在蓝色灯光照射下，物体色彩顿时显得沉闷黑暗。因此，对于室内环境设计来说，墙面、天花板和地板的色彩必须与灯光合理搭配，因为它们对灯光均有不同程度的反射效果，受灯光的影响很大。

一般情况下，浅颜色(如白、米白等)有助于反射光线，深颜色(如黑色、深蓝色等)会吸收光线。因此，在设计室内效果图时，如果设计成深色墙面，宜用更多的灯光设计来弥补光线亮度；相反，如果设计成浅色的墙面，所需要的额外灯光可以相对减少。

灯光不仅提供照明，还是营造特别的光影效果的重要手段。在设计过程中还要注意：灯光过分明亮会使空间变得平淡，失去深度感和立体感，因此要控制好光线，以此设计出丰富多彩的室内效果图。

视频播放："任务三：了解室内效果表现中灯光的基础知识"的详细介绍，请观看"任务三：了解室内效果表现中灯光的基础知识.mp4"视频文件。

四、项目小结

本项目主要介绍了室内效果表现中色彩、构图和灯光的基础知识，重点要求掌握色彩、构图和灯光的基础知识及在效果表现中的重要作用。

五、项目拓展训练

收集室内效果表现图分析它们的色彩搭配、构图结构和灯光表现效果。

【任务三：了解室内效果表现中灯光的基础知识】　【项目3：小结与拓展训练】

项目 4：3ds Max 2016 基础知识

一、项目预览

项目效果和相关素材位于"第 1 章/项目 4"文件夹中。本项目主要介绍室内效果表现中 3ds Max 2016 的基础知识。

二、项目效果及制作步骤(流程)分析

项目部分效果图：

 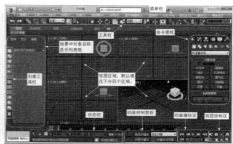

项目大致步骤：

任务一：了解 3ds Max 2016 的工作界面➡任务二：了解工具栏➡任务三：了解视图区➡任务四：了解命令面板➡任务五：了解视图控制区

三、项目详细过程

项目引入：

(1) 3ds Max 2016 的工作界面与其他软件工作界面有何异同？

(2) 工具栏的主要作用是什么？

(3) 对视图区的基本操作有哪些？

(4) 各命令面板和视图控制的主要作用是什么？

任务一：了解 3ds Max 2016 的工作界面

3ds Max 2016 用于效果图设计的功能有建模、赋予材质、灯光布局、渲染输出等。3ds Max 2016 是功能非常庞大的三维设计软件，它的应用领域非常广泛，如影视制作、游戏开发、虚拟仿真、模型设计等，其中效果图设计仅仅使用了部分命令和功能。

启动 3ds Max 2016，弹出【欢迎使用 3ds Max】界面，如图 1.1 所示。

如果需要继续编辑前面编辑过的文件，在 最近使用的文件 列表中选择需要打开的文件即可；如果需要通过模型来创建文件，则在 启动模板 列表中双击需要使用的模板即可进入工作界面，如图 1.2 所示。

【项目 4：基本概况】

图 1.1　欢迎界面

默认状态下，工作界面可分为八大部分，分别是菜单栏、工具栏、视图区、命令面板、视图控制区、状态栏、场景中对象名称显示列表框和动画控制区。其中视图区是制作效果图的主要工作区。

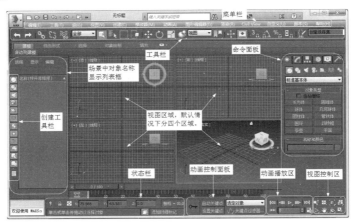

图 1.2　工作界面

视频播放： "任务一：了解 3ds Max 2016 的工作界面"的详细介绍，请观看"任务一：了解 3ds Max 2016 的工作界面.mp4"视频文件。

任务二：了解工具栏

与其他应用软件一样，工具栏中以按钮的形式放置了一些经常使用的命令按钮。这些命令按钮可以在相应的菜单栏中找到，使用工具栏中的按钮更方便快捷。工具栏中的按钮只有在 1280×1024 分辨率下才能全部显示出来。如果在低于 1280×1024 的分辨率下使用，工具栏中的按钮就不能完全显示。如果要使用没有显示出来的按钮，就将光标移到工具栏的空白位置，此时，光标就会变成 状，这时按住鼠标左键不放的同时左右移动即可，如图 1.3 所示。

图 1.3　工具栏

【任务一：了解 3ds Max 2016 的工作界面】　　【任务二：了解工具栏】

视频播放："任务二：了解工具栏"的详细介绍，请观看"任务二：了解工具栏.mp4"视频文件。

任务三：了解视图区

默认状态下，视图区主要有 4 个视图，即【顶视图】【前视图】【左视图】【透视图】。通过这 4 个视图可以从不同方向和角度来观察物体。在 3ds Max 2016 中还有【右视图】【底视图】【后视图】【用户视图】。在【视图区】中各视图之间可以相互切换，方法是在需要转换的视图左上角中间括号的文字标签上(该文字标明了当前状态是什么视图)右击，弹出快捷菜单，在快捷菜单中选择 透视 项，如图 1.4 所示，即可将【前视图】切换到【透视图】。也可以使用相应视图的快捷键来进行切换。例如，将【顶视图】切换到【前视图】，在【顶视图】中单击，再按 F 键即可(注意：在按 F 键时，必须确保文字输入法为英文输入法)。

【顶视图】：显示物体从上向下看到的形态。

【前视图】：显示物体从前向后看到的形态。

【左视图】：显示物体从左向右看到的形态。

【右视图】：显示物体从右向左看到的形态。

【底视图】：显示物体从下向上看到的形态。

【透视图】：一般用于从任意角度观察物体的形态。

图 1.4　各视图之间切换

视频播放："任务三：了解视图区"的详细介绍，请观看"任务三：了解视图区.mp4"视频文件。

任务四：了解命令面板

命令面板由多个标签组成，每一个标签页中又包含了若干个可以展开与折叠的【卷展栏】。3ds Max 2016 的命令面板包括■ (创建命令)面板、■ (修改命令)面板、■ (层级命令)面板、■ (运动命令)面板、■ (显示命令)面板、■ (实用程序命令)面板等。面板效果分别如图 1.5～图 1.10 所示。各命令面板按钮的作用在后面章节使用时再作介绍。

图 1.5　创建命令面板

图 1.6　修改命令面板

图 1.7　层级命令面板

【任务三：了解视图区】

【任务四：了解命令面板】

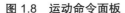

图1.8　运动命令面板　　　　图1.9　显示命令面板　　　　图1.10　实用程序命令面板

【创建命令】面板主要用于在场景中创建各种对象，它包括7个子面板，分别用于创建不同类别的对象。

(1) ◉(几何体)按钮：可以进入三维物体创建命令面板，该面板主要用于创建各种三维对象，如长方体、球体等。

(2) ◉(图形)按钮：可以进入二维图形创建命令面板，该面板主要用于创建各种二维图形，如线条、矩形、椭圆等。

(3) ◀(灯光)按钮：可以进入灯光创建命令面板，该面板主要用于创建各种灯光，如泛光灯、平行光、聚光灯等。

(4) ▣(摄影机)按钮：可进入相机创建命令面板，该面板主要用于创建相机。

(5) ◉(辅助对象)按钮：可进入辅助器创建命令面板，该面板主要用于创建各种辅助物体，如指南针、标尺等。

(6) ▩(空间扭曲)按钮：可进入空间变形命令面板，该面板主要用于创建空间各种变形物体，如风、粒子爆炸等。

(7) ◼(系统)按钮：可进入系统创建命令面板，该面板主要用于创建各种系统，如阳光系统、骨骼系统等。

【修改命令】面板主要用于对场景中的造型进行变动与修改，其中汇集了90多条修改命令，但制作室内效果图常用的修改命令仅有20余条。

视频播放："任务四：了解命令面板"的详细介绍，请观看"任务四：了解命令面板.mp4"视频文件。

任务五：了解视图控制区

在效果图设计过程中，随着场景中物体的增多，观察与操作就会变得困难起来。这时可以通过视图控制区中的工具调整视图的大小与角度，以满足操作的需要。视图控制区位于工作界面的右下角，其中的工具按钮随着当前视图的不同而变化。当视图为【顶视图】【前视图】或【左视图】时，视图控制区中的工具按钮如图1.11所示；当视图为【透视图】时，视图控制区中的工具按钮如图1.12所示；当视图为【摄影机视图】时，视图控制区中的工具按钮如图1.13所示。

【任务五：了解视图控制区】

图 1.11　当视图为【顶视图】【前视图】或【左视图】时，视图控制区中的工具按钮

图 1.12　当视图为【透视图】时，视图控制区的工具控制按钮

图 1.13　当视图为【摄影机视图】时，视图控制区中的工具按钮

视频播放："任务五：了解视图控制区"的详细介绍，请观看"任务五：了解视图控制区.mp4"视频文件。

四、项目小结

本项目主要介绍了 3ds Max 2016 的界面组成、工具栏、视图区、命令面板和视图控制区的组成及作用。重点掌握 3ds Max 2016 的界面组成及各个功能面板的组成和作用。

五、项目拓展训练

启动 3ds Max 2016 了解界面组成，熟悉软件的基本操作。

项目 5：室 内 模 型

一、项目预览

项目效果和相关素材位于"第 1 章/项目 5"文件夹中。本项目主要介绍室内墙体、门窗、窗帘和楼梯制作的各种方法。

二、项目效果及制作步骤(流程)分析

项目部分效果图：

项目大致步骤：

任务一：了解墙体制作的各种方法➡任务二：了解门窗制作的各种方法➡任务三：了解窗帘制作的各种方法➡任务四：了解楼梯制作的各种方法

【项目 4：小结与拓展训练】　　【项目 5：基本概况】

三、项目详细过程

项目引入：

(1) 墙体模型制作主要有哪几种方法？

(2) 门窗模型制作主要有哪几种方法？

(3) 窗帘模型制作主要有哪几种方法？

(4) 楼梯模型制作主要有哪几种方法？

在制作室内效果图时，建模是最基本的工作。对于同一个室内效果图，可以使用多种建模方法。本节集中介绍常用室内模型的制作方法。

任务一：了解墙体制作的各种方法

制作墙体最常用的方法有 4 种：①积木堆叠法；②二维线形挤出法；③参数化墙体；④【编辑多边形】命令单面建模。在制作过程中可以根据实际情况选用最适合自己的方法。

1. 积木堆叠法

积木堆叠法是最简单的建模方法。整个墙体使用长方体、圆柱体、切角长方体、切角圆柱体拼接而成。其优点是容易理解、操作简单；缺点是面数太多，如图 1.14 所示。

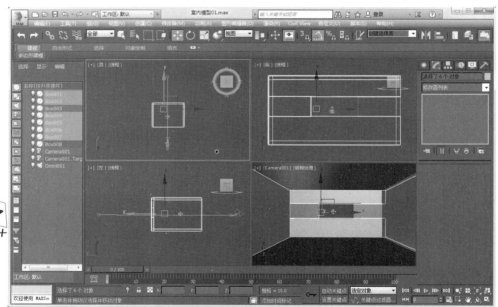

图 1.14 积木堆叠法

2. 二维线形挤出法

二维线形挤出法是一种最常用的制作墙体的方法。制作方法是先利用 (图形)浮动面板中的线条绘制出墙体的截面或者导入 Auto CAD 中绘制的平面图，然后在 (修改命令)面板中使用 挤出 命令将其挤出为三维造型，如图 1.15 所示。

【任务一：了解墙体制作的各种方法】

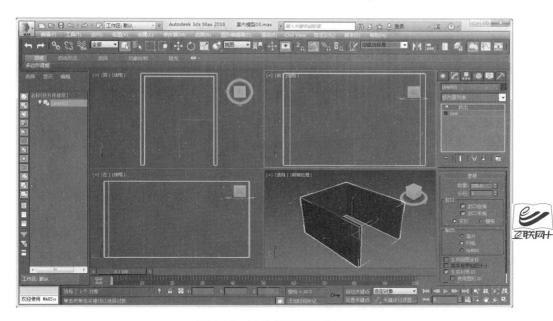

图 1.15　二维线形挤出法

3．参数化墙体

3ds Max 2016 中提供了一种"AEC 扩展"建模命令，使用这种建模的方法速度比较快。单击 ■ (创建命令)面板中 标准基本体 右边的 ▼ 按钮，弹出下拉菜单，在下拉菜单中选择 AEC 扩展 项，单击 圖 按钮，在【顶视图】中拖动鼠标即可创建墙体，如图 1.16 所示。

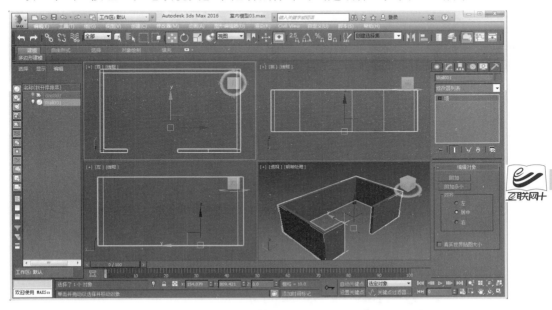

图 1.16　参数化墙体

4. 【编辑多边形】命令单面建模

使用【编辑网格】命令单面建模，建立的模型最简洁，但是，使用该方法建模操作步骤太多也很容易出错，建议初学者不要使用该方法建模。下面是使用【编辑网格】命令单面建模的详细步骤。

(1) 在菜单栏中单击 对象(O) → 基本体(P) → 长方体 按钮，在【顶视图】中创建一个长度为 4000mm、宽度为 6000mm、高度为 2800mm 的长方体，作为房间造型，如图 1.17 所示。

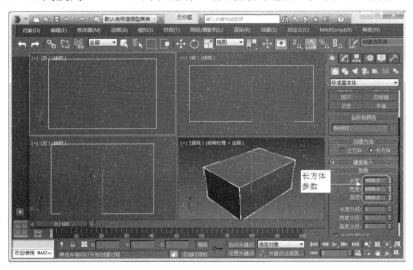

图 1.17　创建长方体

(2) 确保长方体被选中，在菜单栏中选择 修改器(M) → 网格编辑(M) → 编辑多边形 命令，进入编辑多边形状态。在【编辑多边形】面板中单击 ■(多边形)按钮，在透视图中选择一个面，按 Delete 键将选择的面删除，如图 1.18 所示。

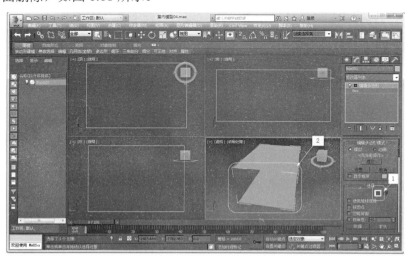

图 1.18　删除选择的面

　　(3) 在 3ds Max 2016 中，三维造型默认状态下是单面的，因此，删除了长方体的一个面之后，从长方体的内侧向外看时，什么也看不到，此时可以通过赋予材质的方法来弥补它的缺陷。

　　赋予材质的操作步骤：单击工具栏中的 (材质编辑器)按钮，此时，弹出【材质编辑器】对话框，在【材质编辑器】对话框中选择一个示例球，单击 明暗器基本参数 卷展栏中□双面前面的小框，再单击 (将材质指定选定对象)按钮即可，如图 1.19 所示。

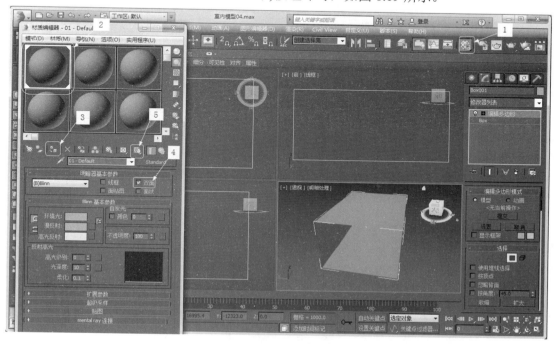

图 1.19　【材质编辑器】对话框

　　(4) 设置摄影机。单击 (创建)按钮进入【创建命令】面板，在【创建命令】面板中单击 (摄影机)按钮，此时，展开 【摄影机】卷展栏，再单击 对象类型 (对象类型)中的 目标 (目标)按钮。在【顶视图】中创建一架摄影机。具体参数设置如图 1.20 所示。然后单击【透视图】激活【透视图】，再按 C 键，将【透视图】转换到【摄影机视图】，如图 1.20 所示。

　　(5) 在视图中选择长方体，然后进入【修改命令】面板中，单击 选择 中的 ■(多边形)按钮，再单击 选择 中的□忽略背面(忽略背面)左侧的□小四方块，此时，前面出现一个"√"。然后单击 + 编辑几何体 面板中的 切割 (切割)按钮，在【前视图】中拖动鼠标，对多边形进行分割，如图 1.21 所示。

　　(6) 单击 (选择并移动)按钮，再单击【前视图】中间的多边形，此时，中间多边形被选中，然后按 Delete 键，将选中的多边形删除，抠出窗洞口，如图 1.22 所示。

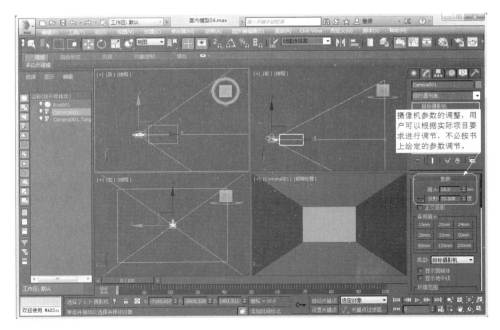

图 1.20　创建摄影机

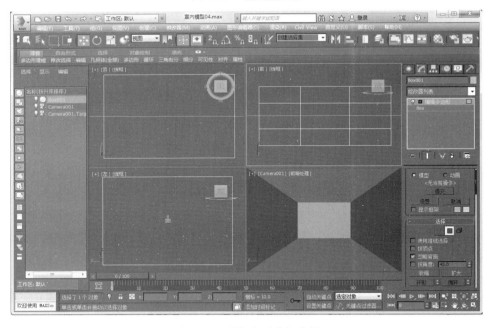

图 1.21　对多边形进行分割

(7) 由于长方体是单面的，抠出了窗洞以后，墙体没有厚度，此时要给墙体制作厚度。制作方法是，进入【修改命令】面板，单击■(多边形)按钮，然后，在【前视图】中选择如图 1.23 所示的多边形。

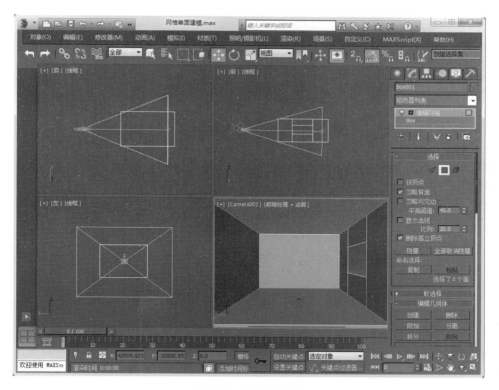

图 1.22　抠出窗洞口

(8) 在 编辑几何体 卷展栏中，单击 挤出 按钮右边的 按钮，弹出参数设置窗口，参数设置和效果如图 1.24 所示。单击 按钮完成厚度的挤出。在视图中设置一盏泛光灯，然后单击工具栏中的 (快速渲染)按钮，得到如图 1.25 所示的效果。

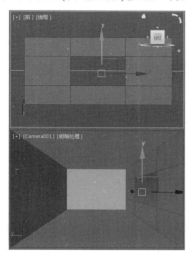

图 1.23　选择多边形

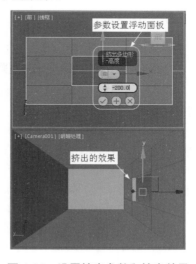

图 1.24　设置挤出参数和挤出效果

图 1.25　快速渲染后效果

视频播放： "任务一：了解墙体制作的各种方法" 的详细介绍，请观看 "任务一：了解墙体制作的各种方法.mp4" 视频文件。

任务二：了解门窗制作的各种方法

门窗是室内模型中的重要组成元素，门窗效果的好坏直接影响室内效果图的整体效果。门窗的制作方法跟墙体一样，也有几种制作方法，在这里主要向大家介绍 3 种制作方法：①二维线形倒角法；②使用参数化门窗；③贴图快速建模法。

1. 二维线形倒角法

二维线形倒角法是制作门窗的常用方法。如果门窗距离视野比较远，可以使用【挤出】命令来创建门的造型。如果门窗距离视野比较近，可以使用【倒角】命令来创建门窗的造型，这样可以使门窗的棱角具有倒角或圆角的过渡，不至于很生硬。下面详细介绍使用【倒角】制作门窗。

使用【倒角】制作门的步骤如下。

(1) 单击 ✿ (创建)按钮，进入创建浮动面板→单击 ⬚ (图形)按钮，进入图形浮动面板→单击浮动面板中的 矩形 按钮。

(2) 在【前视图】中绘制如图 1.26 所示矩形。

(3)【前视图】中最大的矩形，此时，最大矩形被选中→进入【修改命令】面板→单击 修改器列表 右边的 ▾ 按钮，弹出下拉菜单，在下拉菜单中选择 编辑样条线 命令，进入【编辑样条线】浮动面板→单击【编辑样条线】浮动面板中的 附加多个 按钮，此时，弹出如图 1.27 所示的对话框→选择需要附加的对象，如图 1.28 所示，单击【附加多个】对话框中的 附加 按钮，此时，矩形被附加在一起。

【任务二：了解门窗制作的各种方法】

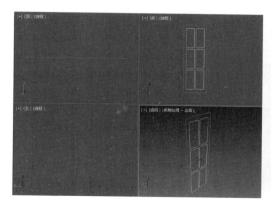

图 1.26 绘制矩形

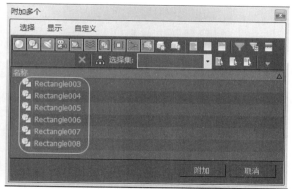

图 1.27 【附加多个】对话框

(4) 单击 修改器列表 右边的▼按钮，弹出下拉菜单，在下拉菜单中选择 倒角 命令，进入倒角浮动面板，倒角浮动面板具体参数设置如图 1.29 所示。

(5) 单击【透视图】，此时，【透视图】被激活→单击工具栏中的 ☕ (快速渲染)按钮，进行快速渲染，得到如图 1.30 所示的效果。

图 1.28 选择需要附加的对象

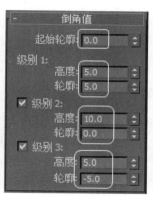

图 1.29 倒角浮动面板
参数设置

图 1.30 快速渲染
后效果

2. 使用参数化门窗

3ds Max 2016 中提供了很多门窗建模命令。使用 3ds Max 2016 中提供的建模命令可以大大提高建模的速度。在这里以"门"的制作方法为例，详细介绍使用参数化门窗的方法。

门的详细制作步骤如下。

(1) 单击 标准基本体 右边的▼按钮，此时，弹出下拉菜单，在下拉菜单中选择门命令，进入【门】浮动面板→在【门】浮动面板中单击 枢轴门 按钮→在【顶视图】中按住鼠标左键不放的同时向右移动到一定位置松开鼠标确定门的宽度→往上移动一定距离单击确定门的厚度→继续往上移动一段距离单击，确定门的高度。在浮动面板中设置门的具体参数。参数的设置如图 1.31 所示。

(2) 单击工具栏中的 ☕ (快速渲染)按钮，进行快速渲染，最终效果如图 1.32 所示。

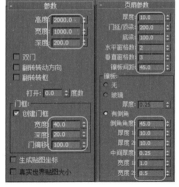

图 1.31　门的参数设置

图 1.32　快速渲染后效果

3. 贴图快速建模法

所谓贴图快速建模法，是指通过贴图来模拟实际模型的方法，这种建模方法也叫"伪建模"。这种方法的优点是作图速度快，可以大大提高工作效率，渲染速度也比较快；缺点是太虚假，真实感比较差。因此，设计者在设计过程中应根据设计的要求而定。这种建模方法比较简单，在这里就不再介绍，制作方法在后面章节中再详细介绍。

视频播放："任务二：了解门窗制作的各种方法"的详细介绍，请观看"任务二：了解门窗制作的各种方法.mp4"视频文件。

任务三：了解窗帘制作的各种方法

窗帘可以看作窗户的装饰品，在家装设计中起很大的作用，因为大多数家装中采用落地窗帘，窗帘占了很大的面积(差不多一面墙)。窗帘效果设计的好与坏直接影响到效果图的整体效果。

在 3ds Max 2016 中制作窗帘有两种方法：一是使用放样法建模，二是使用挤出法建模。

1. 使用放样法制作窗帘

放样(loft)是指将一个或多个二维图形沿着一个方向排列，系统自动将这些二维图形串联起来并自动生成表皮，最终将二维图形转化为三维模型。

在 3ds Max 2016 中，放样过程中至少需要两个以上的二维图形，其中一个作为放样路径，定义放样物体的深度；另一个作为放样截面。下面通过一个例子来详细讲解窗帘的制作方法。

步骤 1：启动 3ds Max 2016，单击 ➤ → 🖫 保存 按钮，弹出【文件另存为】对话框，具体设置如图 1.33 所示。单击 保存(S) 按钮即可。

步骤 2：单击 ❖ (创建)浮动面板中的 ❖ (图形)按钮，单击 ❖ (图形)浮动面板中的 　 线 　按钮，设置浮动面板中的相关参数，如图 1.34 所示。

步骤 3：在【顶视图】中绘制一条曲线，在【前视图】中绘制一条直线，如图 1.35 所示。

【任务三：了解窗帘制作的各种方法】

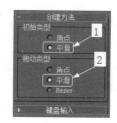

图 1.33　【文件另存为】对话框参数设置　　　　图 1.34　设置浮动面板中的相关参数

步骤 4：确保视图中的直线被选中，单击 ○(几何体)按钮→单击 标准基本体 ▼ 右边的 ▼ 按钮，弹出下拉菜单。在下拉菜单中选择 复合对象 命令，转到符合对象浮动面板→单击浮动面板中的 放样 按钮→单击 获取图形 按钮→单击视图中的曲线。效果如图 1.36 所示。

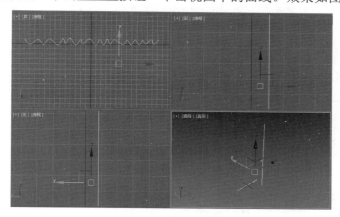

图 1.35　绘制一条直线

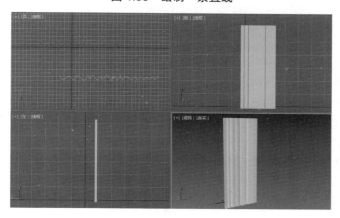

图 1.36　放样后的效果

2. 使用挤出法制作窗帘

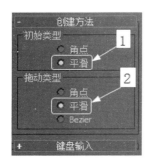

图 1.37 设置浮动面板中的相关参数

挤出法在制作窗帘中经常用到，容易理解、制作简单。详细操作步骤如下。

步骤 1：单击❖(创建)浮动面板中的 ❑(图形)按钮，单击❑(图形)按钮浮动面板中的 ▭ 线 ▭ 按钮，设置浮动面板中的相关参数，如图 1.37 所示。

步骤 2：在【顶视图】中绘制一条曲线，如图 1.38 所示。

步骤 3：单击 ▨(修改)按钮→单击浮动面板中的 ⋀(样条线)按钮，在浮动面板中的 ▭ 轮廓 ▭ 右边的输入框中输入"2"，并按 Enter 键。效果如图 1.39 所示。

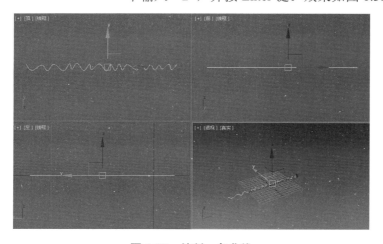

图 1.38 绘制一条曲线

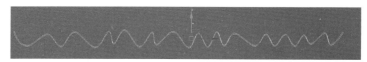

图 1.39 轮廓后的效果

步骤 4：单击 ▭修改器列表▭ 右边的▾按钮，弹出下拉菜单，在下拉菜单中选择 挤出 命令→【挤出】浮动面板的参数设置如图 1.40 所示。

步骤 5：最终效果如图 1.41 所示。

提示：室内效果图表现中，在使用样条线挤出制作窗帘时，一般不对绘制曲线进行轮廓处理，而是直接使用 挤出 命令进行挤出，此方法挤出的曲面是没有厚度的单面曲面，要注意法线方向的朝向。法线需朝向正面。

视频播放："任务三：了解窗帘制作的各种方法"的详细介绍，请观看"任务三：了解窗帘制作的各种方法.mp4"视频文件。

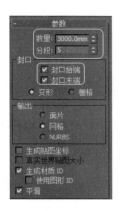

图 1.40　【挤出】浮动面板
　　　　的参数设置

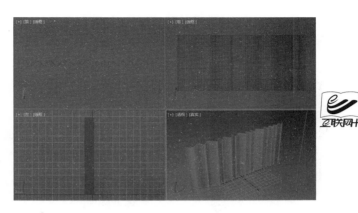

图 1.41　最终效果

任务四：了解楼梯制作的各种方法

在室内设计中，楼梯也很重要，也是室内设计建模中的重要组成元素。楼梯的样式多种多样，制作方法也很多，在这里向大家介绍 3 种比较常用的方法：一是使用二维线形进行挤出的方法创建楼梯，二是使用阵列的方法创建楼梯，三是参数化楼梯。

1．二维线形挤出修改

【挤出】命令是室内效果图制作常用的修改命令。通过前面的介绍可以看出，不论是墙体、门窗还是窗帘，都可以使用【挤出】命令来建模，同样，楼梯也可以使用【挤出】命令进行建模。详细制作步骤如下。

步骤 1：启动 3ds Max 2016→单击 (创建)命令面板中的 (图形)按钮，进入图形命令面板→在图形命令面板中单击 线 按钮。

步骤 2：在【前视图】中绘制如图 1.42 所示的图形。

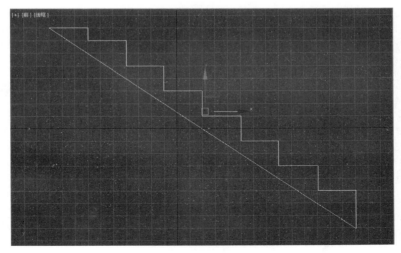

图 1.42　绘制图形

31

步骤 3：单击(修改)按钮，进入【修改命令】面板→单击 修改器列表 ▼ 右边的▼按钮，弹出下拉菜单，在下拉菜单中单击 挤出 按钮。设置【挤出】浮动面板参数，如图 1.43 所示，最终效果如图 1.44 所示。

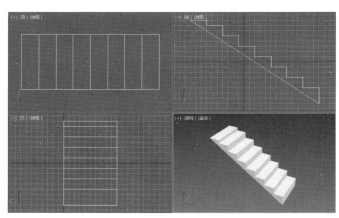

图 1.43　设置【挤出】浮动面板参数　　　　　　　图 1.44　最终效果

在实际设计中，数量值根据楼梯的实际比例输入，如楼梯为 1m，在输入框中输入 1000；楼梯为 0.8m，在输入框中输入 800。

2．使用阵列的方法创建楼梯

在 3ds Max 2016 中，阵列也是一种常用的建模方法，它不仅可以对一个物体进行有规律地移动、旋转、缩放复制，还可以同时在两个或三个方向上进行多维复制，因此常用于复制大量排列有规律的对象。

使用阵列的方法创建楼梯非常简单。下面以楼梯的制作为例，详细讲解【阵列】的使用方法。

步骤 1：单击 (几何体)中的 长方体 按钮，在【顶视图】中绘制一个长方体，浮动面板参数的设置及在各视图中的形状和位置如图 1.45 所示。

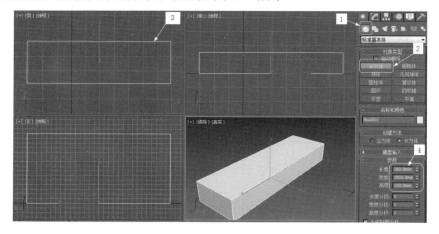

图 1.45　绘制一个长方体

步骤 2: 在确保绘制的长方体被选中的情况下,在菜单栏中选择 工具(T) → 阵列(A)... 命令, 弹出【阵列】设置对话框,具体参数设置如图 1.46 所示。

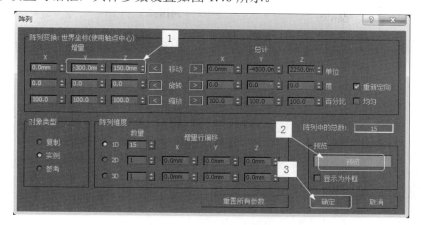

图 1.46 【陈列】命令的参数设置

步骤 3: 单击【阵列】对话框中的 确定 按钮,最终效果如图 1.47 所示。

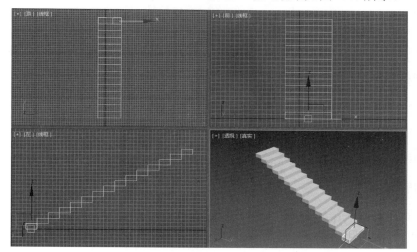

图 1.47 最终效果

3. 参数化楼梯

一个完整的楼梯模型相对来说是较为复杂的。前面介绍的两种方法是制作楼梯的主体部分,其实,楼梯还需要制作扶手、栏杆等,所以,制作一个完整的楼梯需要花费很多的时间。3ds Max 2016 提供的参数化楼梯不仅提高了设计者的工作效率,还使制作的楼梯模型便于修改。在这里以 "L" 形楼梯的制作为例,讲解使用参数化楼梯的方法和步骤。

步骤 1: 单击 (几何体)浮动面板中 标准基本体 右边的 按钮,弹出下拉菜单,在下拉菜单中选择 楼梯 命令,转到【楼梯】浮动面板,如图 1.48 所示。3ds Max 2016 中提供了 4 种类型的楼梯,在设计中可以根据需要选择楼梯的样式。

步骤 2： 单击 L型楼梯 按钮→在【顶视图】中绘制楼梯，楼梯具体参数设置和最终效果如图 1.49 所示。

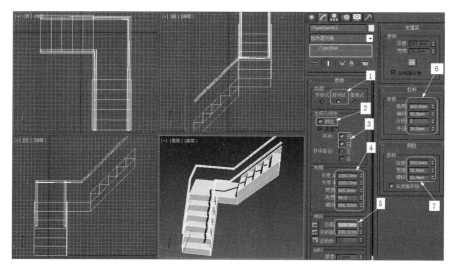

图 1.48 【楼梯】
浮动面板

图 1.49 具体参数设置和最终效果

视频播放："任务四：了解楼梯制作的各种方法"的详细介绍，请观看"任务四：了解楼梯制作的各种方法.mp4"视频文件。

四、项目小结

本项目主要介绍了室内效果表现中墙体、门窗、窗帘和楼梯模型制作的几种方法。重点要求掌握根据实际效果表现需要选择最合理的建模方法。

五、项目拓展训练

制作各种类型的墙体、门窗、窗帘和楼梯模型。

项目 6：材　　质

一、项目预览

项目效果和相关素材位于"第 1 章/项目 6"文件夹中。本项目主要介绍材质面板中的菜单栏、示例窗口、工具行、工具列和参数控制区的作用及各个参数的说明。

二、项目效果及制作步骤(流程)分析

项目部分效果图：
理论基础知识，无效果图。

【项目 5：小结与拓展训练】　　　　【项目 6：基本概况】

项目大致步骤：

任务一：了解菜单栏➡任务二：了解示例窗口➡任务三：了解工具行➡任务四：了解工具列➡任务五：了解参数控制区

三、项目详细过程

项目引入：

(1) 材质面板有哪两种显示方式？

(2) 材质面板的主要作用是什么？

材质是效果图制作过程中非常重要的内容，它是模型仿真的重要手段。编辑材质主要是通过材质编辑器来完成的。它是 3ds Max 2016 提供的一个功能强大的编辑工具。

单击工具栏中的 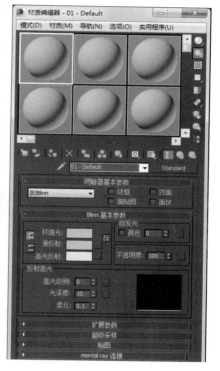 (材质编辑器)按钮或按 M 键，弹出如图 1.50 所示的【材质编辑器】窗口。它是一个浮动的窗口，打开之后不影响场景中的其他操作。

下面对【材质编辑器】窗口中各组成部分进行简单介绍，为后面的实例制作打基础。

任务一：了解菜单栏

菜单栏位于【材质编辑器】的标题栏下面，共有【模式】【材质】【导航】【选项】【工具】5 个菜单选项。菜单栏采用了标准的 Windows 风格，其用法与 3ds Max 2016 的界面菜单一样。

视频播放："任务一：了解菜单栏"的详细介绍，请观看"任务一：了解菜单栏.mp4"视频文件。

任务二：了解示例窗口

在【材质编辑器】窗口中共有 24 个示例球对象，主要用于直观地表现材质与贴图的编辑过程。示例窗口中编辑好的材质可以通过鼠标拖动的方式复制到其他示例球中，也可以直接拖到场景中选定的对象上。

在 3ds Max 2016 默认状态下，示例窗口中显示 24 个材质示例球，用于显示材质的调节效果。读者可以根

图 1.50 【材质编辑器】窗口

据示例球的状态近似地判断材质的效果。在【材质编辑器】窗口中，3ds Max 2016 提供了 3 种材质示例球显示方式。它们之间的切换可以通过 X 键来改变显示示例球的个数。

示例球的显示形状除了球体显示外，还可以改为圆柱体或立方体的显示方式。

如果示例窗口中的材质被指定给对象，则示例球的四角会出现白色的三角标记，表示该示例窗口中的材质是同步材质，编辑同步材质时，场景中使用的该材质的对象不论是否处于被选状态，都会动态地随编辑材质的改变而改变。

视频播放："任务二：了解示例窗口"的详细介绍，请观看"任务二：了解示例窗口.mp4"

【任务一：了解菜单栏】　　【任务二：了解示例窗口】

视频文件。

任务三：了解工具行

在示例球的下方有一行工具，称之为工具行。下面对工具行中的各个工具作简单的介绍。

(1) █ (获取材质)：单击该按钮，弹出【材质/贴图浏览器】对话框，在该对话框中可以调用或浏览材质及贴图。

(2) █ (将材质放入场景)：在当前材质不属于同步材质的前提下，将当前材质赋予场景中与当前材质同名的物体。

(3) █ (将材质指定给选定对象)：将当前的材质赋予场景中被选择的对象。

(4) ✕ (重置贴图/材质为默认贴图)：将设置的示例球恢复到系统默认的状态。

(5) █ (生成材质副本)：将当前的同步材质复制出一个同名的非同步材质。

(6) █ (使唯一)：将多种子材质中的某种子材质分离成独立的材质。

(7) █ (放入库)：将当前材质存放到【材质/贴图浏览器】对话框中。

(8) █ (材质 ID 通道)：按住此按钮不放，将弹出一组按钮，在 0～15 之间，这些按钮用于与【video post】共同作用制作特殊效果的材质。

(9) █ (在视口中显示标准材质)：单击此按钮，在视图中直接显示模型的贴图效果。

(10) █ (显示最终效果)：当前示例球中显示的是材质的最终效果；激活█按钮时，则只显示当前层级的材质效果。

(11) █ (转到父对象)：将返回到材质的上一层级。

(12) █ (转到下一个同级项)：可以移动到同一个材质的另一层级去。

视频播放："任务三：了解工具行"的详细介绍，请观看"任务三：了解工具行.mp4"视频文件。

任务四：了解工具列

工具列位于示例球窗口右侧。工具列中的工具按钮主要用于调整示例窗口的显示状态。工具列中的各按钮作用如下。

(1) █ (采样类型)：在该按钮上按住鼠标左键不放，显示出隐藏的其他按钮。其采样类型有 3 种：球体、圆柱体、立方体。要显示哪种类型，就将鼠标移到该类型上。

(2) █ (背光)：单击该按钮，将在示例窗的样本上添加一个背光效果，这对金属材质的调节尤其有益。

(3) █ (背景)：单击该按钮，将在示例窗内出现一个彩色方格背景。该项主要用于透明材质的编辑。

(4) █ (采样 UV 平铺)：在该按钮上按住鼠标左键不放，显示出隐藏的其他按钮。其采样 UV 平铺方式有█、█、█、█4 种，分别可以将采样平铺一次、两次、三次和四次，以此来观察贴图重复平铺的效果。

(5) █ (生成预览)：单击█、█和█按钮，可以创建材质预览、播放预览和保存预览。

【任务三：了解工具行】　　【任务四：了解工具列】

(6) 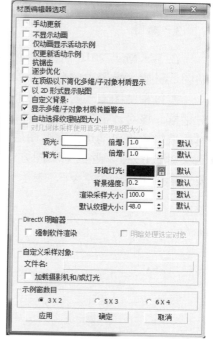（选项）：单击该按钮，弹出【材质编辑器选项】对话框，如图 1.51 所示。在该对话框中可以设置材质编辑器的基本参数。

(7) （按材质选择）：单击该按钮，可以选择场景中赋有当前材质的所有对象。

(8) （材质/贴图导航器）：单击该按钮，弹出【材质/贴图导航器】对话框。该对话框中显示了当前材质的层级结构，使用它可以在材质的各层级之间进行切换。

视频播放："任务四：了解工具列"的详细介绍，请观看"任务四：了解工具列.mp4"视频文件。

任务五：了解参数控制区

材质类型和贴图类型不同，其参数内容也有所不同。它依据当前材质与贴图的不同而呈现不同的变化，但是，每一种材质都包含了 6 个参数卷展栏。下面具体介绍几个常用的【卷展栏】参数。

1. 【明暗器】基本参数

阴影的基本参数主要分为两部分。

(1) 明暗方式，用于指定不同的材质渲染属性，确定材质的基本性质。其中 Phong 与 Blinn 是最常用的两种明暗方式，它们的调节参数几乎完全相同，一般的材质都可以使用这两种方式。"金属"明暗方式可以用来制作金属类材质。

图 1.51　【材质编辑器选项】对话框

(2) 渲染方式，用于确定以何种方式对材质进行渲染。

【线框】：以网格线框的方式来渲染物体，常用于制作地板压线。

【双面】：将法线面相反的面也进行渲染。在默认情况下，3ds Max 为了简化计算，通常只渲染物体的正面(物体的外表面)，这对于大多数物体都适用。但对于一些存在敞开面的物体，此时，就要选择【双面】选项。

2. Blinn 基本参数

Blinn 基本参数主要用于设置材质的颜色、反光度、透明度和自发光等基本属性，参数随着明暗方式的变化而变化。

【环境光】：用于控制物体表面阴影区的颜色。

【漫反射】：用于控制物体表面过渡区的颜色。

【高光反射】：用于控制物体表面高光区的颜色。

【高光级别】：用于控制材质表面反光面积的大小，值越大反光面积越小。

【光泽度】：用于确定材质表面的反光强度。

【柔化】：用于对高光区的反光作柔化处理，使它变得模糊、柔和。

【颜色】：使用材质自身发光的效果。常用于制作灯泡、太阳等光源物体的材质。当颜色为纯白色时，表现为 100%的自发光效果。

【任务五：了解参数控制区】

【不透明度】：用于设置材质的不透明度。默认值为 100，即为不透明材质，降低值可以增加透明度，值为 0 时物体完全透明。

3．贴图

在 3ds Max 2016 的标准材质中有 12 种贴图方式，可以为物体的不同区域指定不同的贴图，材质编辑器中的贴图参数如图 1.52 所示。

在每种贴图方式右边有一个 ▭▭▭▭ None ▭▭▭▭ 按钮，单击它可以打开【材质/贴图浏览器】对话框。该对话框提供了 35 种贴图类型，如图 1.53 所示。在需要选择的材质类型上双击，材质编辑器将自动进入到贴图层级中，可以进行相应的参数设置。设置完成后，单击 ◈ (转到父对象)按钮，返回到贴图方式层级中，在 ▭▭▭▭ None ▭▭▭▭ 按钮上显示贴图名称，左侧的复选框中出现一个"√"，表示当前贴图处于有效状态。

图 1.52　贴图参数

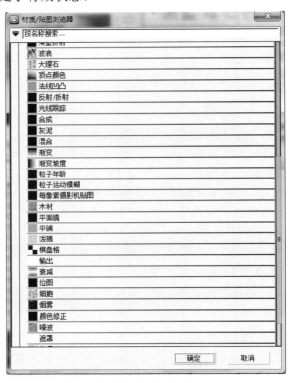

图 1.53　35 种贴图类型

视频播放："任务五：了解参数控制区"的详细介绍，请观看"任务五：了解参数控制区.mp4"视频文件。

四、项目小结

本项目主要介绍了【材质编辑器】中的菜单栏、示例窗口、工具行、工具列和参数控制中各个工具的作用及使用方法。重点要求掌握【材质编辑器】中各个按钮的作用及使用方法。

【项目 6：小结与拓展训练】

五、项目拓展训练

给项目 5 中制作的墙体、门窗、窗帘和楼梯模型赋予材质。

项目 7：灯光与渲染

一、项目预览

项目效果和相关素材位于"第 1 章/项目 7"文件夹中。本项目主要介绍标准灯光、光度学灯光和渲染的作用及使用方法。

二、项目效果及制作步骤(流程)分析

项目部分效果图：
理论基础知识，无效果图。

项目大致步骤：

任务一：了解标准灯光中各个参数的作用➡任务二：了解光度学灯光中各个参数的作用➡任务三：了解【渲染】面板参数的设置和渲染的方法

三、项目详细过程

项目引入：

(1) 标准灯光主要包括哪几种？主要用于哪些场合？

(2) 光度学灯光主要包括哪几种？主要用于哪些场合？

(3) 重点需要掌握【渲染】面板中哪些参数的作用？

灯光是表现效果图气氛的重要手段。正确设置灯光可以增强效果图的视觉效果，所以，在制作效果图中设置灯光是重中之重。

默认情况下，3ds Max 2016 为场景设置了两盏泛光灯，读者在建模期间不必考虑灯光的设置问题。只有设置了灯光以后，系统才会将默认灯光自动关闭。如果用户想改变系统默认的灯光，操作方法如下。

在菜单栏中选择 视图(V) ➡ 视口配置(V)... ➡ 视觉样式和外观 命令，弹出【视口配置】对话框，具体设置如图 1.54 所示。

3ds Max 2016 有两种类型的灯光，即标准灯光和光度学灯光。这两种类型的灯光有各自的特点。【标准灯光】在场景布光中操作比较复杂，但渲染速度比较快，工作效率高，而且可以灵活控制场景的冷暖关系。【光度学灯光】在场景布光中操作比较简单，但是，由于使用了真实的光照系统进行求解计算，所以必须顾及尺寸问题；如果场景过于复杂，渲染速度就会特别慢。下面对这两种灯光设置时所涉及的有关参数进行简要介绍。

【项目 7：基本概况】

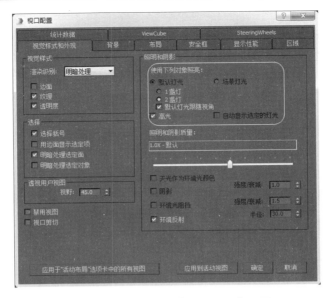

图 1.54 【视口配置】对话框具体设置

> **提示：** 如果安装了 VRay 插件，3ds Max 系统会自动添加一种 VRay 灯光。

任务一：了解标准灯光中各个参数的作用

标准灯光主要有目标聚光灯、自由聚光灯、目标平行光、自由平行光、泛光灯、天光、mr 区域泛光灯、mr 区域聚光灯。下面以目标聚光灯为例介绍灯光的卷展栏参数设置。

【常规参数】卷展栏浮动面板，如图 1.55 所示。

图 1.55 【常规参数】卷展栏
浮动面板

(1)【灯光类型】：用于选择不同的灯光类型。选择【启用】项，启用前面被打上"√"，在场景中开启灯光，否则，灯光关闭。取消【目标】，可以通过数值设定发光点与目标点的距离。

(2)【阴影】：用于控制阴影的选项。选择【启用】项，将在场景中开启灯光阴影(产生阴影)。选择【使用全局设置】项，在场景中使用全局设置，即场景中灯光的阴影参数设置相同。另外，在该选项组的下拉列表中提供了 5 种阴影类型(高级光线跟踪、mental ray 阴影贴图、区域阴影、阴影贴图、光线跟踪阴影)，在设计过程中可根据场景的需要来选择阴影类型。

(3)【排除】：允许指定对象不受灯光的照射影响，包括照明影响和阴影影响。通过对话框来选择控制。

【强度/颜色/衰减】卷展栏浮动面板如图 1.56 所示。

(1)【倍增】：对灯光的照射强度进行倍增控制，标准值为 1.0。如果设置为 2.0，则光强增加一倍；如果设置为负值，将会产生吸收光的效果。通过这个选项增加场景的亮度可能会造成场景颜色过度曝光，还会产生视频无法接受的颜色，所以除非

图 1.56 【强度/颜色/衰减】
卷展栏浮动面板

【任务一：了解标准灯光中各个参数的作用】

是特殊效果或特殊情况，否则应尽量保持该值在 1.0～2.0 的状态。

(2)【衰退】：是降低远处灯光照射强度的一种控制方式。其中【类型】选项默认为"无"，在下拉列表中还包括"倒数"和"平方反比"两种类型，其中"平方反比"的衰退计算方式与现实中的灯光衰退相一致。

(3)【近距衰减】：使用【近距衰减】时，灯光强度在光源到指定起点之间保持为 0，在起点到指定终点之间不断增强，在终点以外保持为颜色和倍增控制所指定的值，或者改变【远距衰减】的控制。【近距衰减】与【远距衰减】的距离范围不能重合。

【开始】：设置灯光开始淡入的位置。

【结束】：设置灯光达到最大值的位置。

【使用】：用来开启近距衰减。

【显示】：用来显示近距离衰减的范围线框。

(4)【远距衰减】：使用【远距衰减】时，在光源与起点之间保持颜色和倍增控制所控制的灯光强度，在起点到终点之间，灯光强度一直降为 0。

【开始】：设置灯光开始淡出的位置。

【结束】：设置灯光降为 0 的位置。

【使用】：用来开启远距衰减。

【显示】：用来显示远距衰减的范围线框。

【聚光灯参数】卷展栏浮动面板如图 1.57 所示。

图 1.57　【聚光灯参数】卷展栏浮动面板

(1)【显示光锥】：控制是否显示灯光的范围，浅蓝色框表示聚光区范围，深蓝色框表示衰减区范围。聚光灯在选择状态时，总会显示锥形框，所以这个选项的主要作用是使未选择的聚光灯锥形框显示在视图中。

(2)【泛光化】：选择该项，使聚光灯兼有泛光灯的功能，可以向四面八方投射光线，照亮整个场景，但仍会保留聚光灯的特性。

(3)【聚光区/光束】：调节灯光的锥形区，以角度为单位。对于光度学灯光对象，灯光强度在【光束】角度衰减到自身的 50%，而标准聚光灯在【聚光区】内的强度保持不变。

(4)【衰减区/区域】：调节灯光的衰减区域，以角度为单位。从聚光区到衰减区的角度范围内，光线由强向弱逐渐衰减变化。此范围外的对象不受任何光线的影响。

(5)【圆/矩形】：设置为圆形灯或矩形灯。默认设置是圆形灯，产生圆锥灯柱。矩形灯产生长方形灯柱，常用于窗户投影或电影、幻灯机的投影灯。如果打开【矩形】方式，下面的【纵横比】值用来调节矩形的长宽比，【位图拟合】按钮用来指定一张图像，并使用图像的长宽比作为灯光的长宽比，这样做主要为了确保投影图像的比例正确。

图 1.58　【高级效果】卷展栏浮动面板

【高级效果】卷展栏浮动面板如图 1.58 所示。

(1)【对比度】：调节对象高光区与漫反射区之间的对比度。值为 0.0 时是正常效果，对有些特殊效果如外层空间中刺目的反光，需要增大对比度的值。

(2)【柔化漫反射边】：柔化漫反射区与阴影区表面之间的边缘，避免产生清晰的明暗分界线。但【柔化漫反射边】会细微地降低灯光亮度，可以通过适当增加【倍增】来弥补。

(3)【漫反射/高光反射】：默认的灯光设置是对整个对象表面产生照射，包括漫反射区和高光区。在此，可以控制灯光单独对其中一个区域产生影响，对某些特殊光效调节非常有用。例如，用一个蓝色的灯光去照射一个对象的漫反射区，使它表面受蓝光影响，而使用另一个红色的灯光单独去照射它的高光区，产生红色的反光，这样就可以对表面漫反射区和高光区进行单独控制。

(4)【仅环境光】：选择此项时，灯光仅以环境照明的方式影响对象表面的颜色，近似给模型表面均匀涂色。如果使用场景的环境光，会对场景中所有的对象产生影响，而使用灯光的此项控制，可以灵活地为对象指定不同的环境光。

(5)【投影贴图】：选择此选项，可以通过其下的【贴图】复选框选择一张图像作为投影图，它可以使灯光投影出图片效果。如果使用动画文件，还可以投影出动画。如果增加体积光效，可以产生彩色的图像光柱。

【阴影参数】卷展栏浮动面板如图 1.59 所示。

图 1.59 【阴影参数】卷展栏浮动面板

(1)【颜色】：单击颜色块，可以弹出色彩调节框，用于调节当前灯光产生阴影的颜色，默认为黑色。该选项还可以设置动画效果。

(2)【密度】：调节阴影的浓度。提高密度值会增加阴影的黑色程度，默认值为1。

(3)【贴图】：为阴影指定贴图。左侧的复选框用于设置是否使用阴影贴图，贴图的颜色将与阴影颜色混合；右侧的按钮用于打开贴图浏览器进行贴图选择。

(4)【灯光影响阴影颜色】：选择此项时，阴影颜色显示为灯光颜色和阴影固有色(或阴影贴图颜色)的混合效果，默认为关闭。

(5)【大气阴影】：【启用】项用于设置大气是否对阴影产生影响。如果选择【启用】项，当灯光穿过大气时，大气效果能够产生阴影。

【不透明度】：调节阴影透明度的百分比。

【颜色量】：调节大气颜色与阴影颜色混合程度的百分比。

【mental ray 间接照明】卷展栏浮动面板如图 1.60 所示。

该卷展栏下的参数用于 mental ray 渲染器对间接照明(即全局照明和焦散)进行控制。通过设置光子的数量、能量等参数，可以调节全局照明和焦散的精度和强度。该卷展栏的参数设置在使用 3ds Max 默认扫描线渲染器，以及跟踪器或光能传递进行渲染时不起作用。

(1)【自动计算能量与光子】：选择此项时，mental ray 使用全局间接照明设置进行渲染(全局设置位于渲染面板【渲染场景】→【间接照明】→【焦散和全局照明】→【灯光属性】下)，这便于统一调节所有灯光的间接照明设置。对于每一个灯光还可以通过下面的全局倍增系数进行单独

图 1.60 【mental ray 间接照明】卷展栏浮动面板

调节。该选项默认为启动，当禁止此项时，灯光使用下面的【手动设置】参数组中的设置。

（2）【全局倍增】：只有在【自动计算能量与光子】项被选中时，该参数组才有效。

【能量】：光子能量倍增系数，默认值为 1，即使用全局间接照明设置。

【焦散光子】：产生焦散光子数量倍增系数。

【GI 光子】：产生全局照明的光子数量倍增系数。

（3）【手动设置】：只有在【自动计算能量与光子】项禁用时，该参数组才有效。

【启用】：使灯光产生间接照明。

【能量】：定义间接照明中的光能强度。该参数与直接照明强度是相互独立的，它只影响全局照明和焦散强度。

【衰退】：距离光源越远，光子的能量越小。该参数定义光子能量衰退的速度。值越大，能量衰退越快。

【焦散光子】：灯光发射出用于产生焦散的光子数量。值越高产生的焦散效果越精细，但会增加内存占用的空间和渲染的时间。

【GI 光子】：灯光发射出的用于产生全局照明的光子数量，值越高产生的全局照明效果越精细，但会增加内存占用的空间和渲染的时间。

【mental ray 灯光明暗器】卷展栏浮动面板如图 1.61
所示。

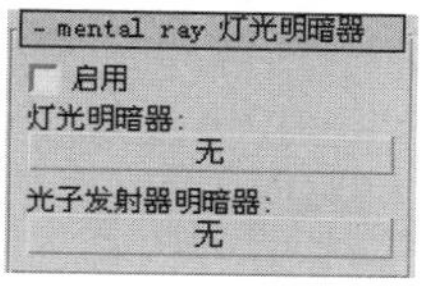

只有在【首选项】设置面板的 mental ray 选项中选中
【启用 mental ray 扩展】项时，才会出现此卷展栏，而且，
此卷展栏不出现在创建面板中，只出现在修改面板中。
在用 3ds Max 默认扫描线渲染器进行渲染时，该卷展栏的设置不起作用。

图 1.61　【mental ray 灯光明暗器】卷展栏浮动面板

当启用 mental ray 灯光明暗器和 mental ray 渲染器进行渲染时，灯光的照明效果（包括亮度、颜色、阴影等）将由灯光明暗器控制。如果要调节灯光的效果，可以将明暗器调入【材质编辑器】面板中进行编辑。直接用鼠标将明暗器按钮拖动到材质编辑器示例窗，弹出一个对话框询问选择【实例】还是【复制】，此时应该选择【实例】方式，这样在材质编辑器中所做的改动会立即应用到灯光明暗器中。

3ds Max 2016 中的标准灯光是模拟光，主要通过光线模拟出现实中的各种真实场景，制作出接近真实的画面效果。其他类型的灯光参数，可参考目标聚光灯的参数进行调整。

视频播放：“任务一：了解标准灯光中各个参数的作用”的详细介绍，请观看“任务一：了解标准灯光中各个参数的作用.mp4”视频文件。

任务二：了解光度学灯光中各个参数的作用

图 1.62　光度学灯光类型

光度学灯光主要有 8 种灯光类型，如图 1.62 所示。

光度学灯光通过设置灯光的光度学值来模拟现实场景的灯光效果。用户可以为灯光指定各种各样的分布方式、颜色特征，还可导入从照明厂商那里获得的特定光度学文件。

光度学是一种评测人体视觉器官感应照明情况的测量方法。这里所说的光度学指的是 3ds Max 2016 所提供的灯光在环境中传播

【任务二：了解光度学灯光中各个参数的作用】

情况的物理模拟，它不但可以产生非常真实的渲染效果，还能够准确地度量场景中的灯光分布情况。在进行光度学灯光设置时，会遇到以下4种光度学参量。

(1)【光通量】：是指每单位时间抵达、离开或穿过表面的光能数量。国际单位制(SI)和美国单位(AS)中的单位都是 lumen【明流】，简写 lm。

(2)【照明度】：是指入射在单位面积上的光通量。

(3)【亮度】：就是一部分入射到表面上的光会反射回环境当中，这些沿特定方向从表面反射回环境的光称为【亮度】。【亮度】的单位为烛光/平方米或烛光/平方英寸。

(4)【发光强度】：是指单位时间内特定方向上光源所发出的能量，单位为烛光度。烛光度最初的定义是指一根蜡烛所发出的光强度。【发光强度】通常用来描述光源的定向分布，可以设置【发光强度】的变化作为光源发散方向的函数。

正是由于引用了这些基于现实基础的光度学参量，3ds Max 才能精确地模拟真实的照明效果和材质效果。

下面以【目标点光源】为例，介绍【光度学】灯光的主要参数。

【常规参数】卷展栏中的参数与标准灯光相同，前面已经有详细的介绍，在这里就不再重复介绍。在此主要介绍【强度/颜色/分布】卷展栏中的参数。【强度/颜色/分布】卷展栏浮动面板如图 1.63 所示。

图 1.63　【强度/颜色/分布】卷展栏浮动面板

(1)【分布】：用于设置光线从光源发射后在空间的分布，内容包括【等向】【聚光灯】【Web】等。

(2)【颜色】：在其下拉列表中可以设定灯光类型，如白炽灯、荧光灯等。

【开尔文】：通过改变灯光的色温来设置灯光颜色。灯光的色温用【开尔文】表示，相应的颜色显示在右侧的颜色块中。

【过滤颜色】：模拟灯光被放置滤色镜后的效果。例如，为白色的光源设置红色的过滤后，将发射红色的光。可通过右侧的颜色块对滤镜颜色进行调整，默认为白色。

(3)【强度】：【强度】下的选项用于设置光度学灯光基于物理属性的强度或亮度值。

【lm】(流明)：光通量单位，测量灯光发散的全部光能(光通量)。100W 普通白炽灯的光通量约为 1750 lm。

【cd】(烛光度)：测量灯光的最大发光强度，通常情况下沿目标方向。100W 普通白炽灯的发光强度约为 139cd。

【lx】(勒克斯)：测量被灯光照亮的表面面向光源方向上的照明度。lx 为国际单位制单位，简写 lx，相当于 1 流明/平方米；相应的美国单位制单位为【尺烛光】，简写 fc，相当于 1 流明/平方英尺。从尺烛光换算为勒克斯需要乘以 10.76，例如，36fc=387.36lx。

【倍增】：通过百分比来设置灯光的强度。

在制作效果图时，如果使用了光度学灯光，则需要先进行光能传递计算，否则灯光不起任何作用。设置步骤如下。

在菜单栏中选择 渲染(R)→ 光能传递... 命令，弹出如图 1.64 所示的窗口，该窗口用于对光度学灯光进行计算。

任务三：了解【渲染】面板参数的设置和渲染的方法

渲染是制作室内效果图的最后一个步骤,通常将一个室内效果图的线架文件输出为*.tif 或*.jpg 格式的图像文件。如果设置了动画,也可以输出*.avi 视频文件格式。在 3ds Max 2016 工具栏的右侧提供了两个用于渲染的工具按钮。

(1) 单击 (渲染帧窗口)按钮，可以按默认设置快速渲染当前场景。

(2) 单击工具栏中的 (渲染设置)按钮，就会弹出【渲染场景】窗口，如图 1.65 所示。在该窗口中，根据输出的需要设置有关参数(如图像的尺寸、保存位置、名称等)，设置完后，单击 渲染 按钮即可渲染场景。

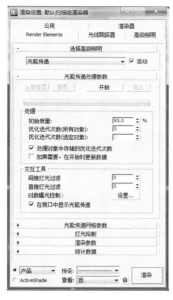

图 1.64　【渲染设置：默认扫描线
渲染器】卷展栏浮动面板一

图 1.65　【渲染场景：默认扫描线
渲染器】卷展栏浮动面板二

【渲染场景】窗口中各选项知识点将在后面的章节中进行详细介绍。

四、项目小结

本项目主要介绍了标准灯光、光度学灯光和渲染的作用，以及灯光各个参数的作用。重点要求掌握灯光的作用和灯光各个参数的作用。

【任务三：了解【渲染】面板参数的设置和渲染的方法】

五、项目拓展训练

利用前面所学知识制作一个简单场景练习各个灯光的设置，并渲染出效果图进行对比分析各种灯光的优劣。

项目 8：效果图制作基础操作

一、项目预览

项目效果和相关素材位于"第 1 章/项目 8"文件夹中。本项目主要介绍制作前的单位设置、打通贴图通道、线架库的使用、材质库的使用和效果图表现的基本流程。

二、项目效果及制作步骤(流程)分析

项目部分效果图：

理论基础知识，无效果图。

项目大致步骤：

任务一：单位设置➡任务二：打通贴图通道➡任务三：线架库的使用➡任务四：材质库的使用➡任务五：效果图表现的基本流程

三、项目详细过程

项目引入：

(1) 在效果图表现制作前为什么要设置单位？

(2) 怎样打通贴图通道，以及打通贴图通道有什么作用？

(3) 什么叫作线架库？怎样使用线架库？

(4) 材质库的主要作用是什么？怎样使用材质库？

(5) 效果图表现的基本流程。

制作室内效果图时，虽然需要使用到的 3ds Max 2016 的功能并不多，但是有一些基础操作必须掌握，这样可以提高制作效果图的工作效率。

任务一：单位设置

在当今室内效果图设计行业中，大多数设计者使用"毫米"为单位。因此，要养成一个好的习惯，在制作前先设置单位。为方便以后文件的合并，在设置单位时最好设置为"毫米"。单位设置的详细步骤如下。

步骤 1： 启动 3ds Max 2016 中文版软件。

步骤 2： 在菜单栏中选择 自定义(C) → 单元设置 命令，弹出【单位设置】对话框，具体设置如图 1.66 所示。

【项目 7：小结与拓展训练】　　　【项目 8：基本概况】　　　【任务一：单位设置】

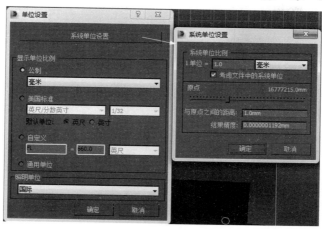

图 1.66　单位设置

步骤 3： 依次单击 确定 按钮即可完成单位的设置。

视频播放："任务一：单位设置"的详细介绍，请观看"任务一：单位设置.mp4"视频文件。

任务二：打通贴图通道

在制作效果图时，当将线架文件或线架文件中使用的贴图文件改变路径后再打开该文件时，会发现所编辑的各项材质使用的贴图文件丢失，这时会弹出一个如图 1.67 所示的【缺少外部文件】对话框。

【缺少外部文件】对话框中记录了材质所使用的贴图的原始路径和名称。通过这个对话框可以了解线架文件中所使用的贴图文件，可以根据该对话框提供的信息，通过打通贴图通道的方式重新找到贴图文件。具体操作步骤如下。

步骤 1： 启动 3ds Max 2016 中文版。

步骤 2： 在菜单栏中选择 自定义(U) → 配置用户路径(C)... 命令，打开【配置用户路径】对话框，然后选择【外部文件】选项卡，如图 1.68 所示。

图 1.67　【缺少外部文件】对话框

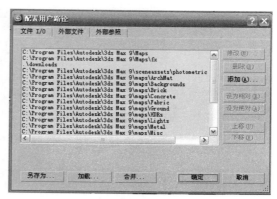

图 1.68　【配置用户路径】对话框

【任务二：打通贴图通道】

步骤3：单击 添加(A)... 按钮，弹出【选择新的外部文件路径】对话框，如图1.69所示，在该对话框中选择贴图文件所在的位置，单击 使用路径 按钮，则新的路径被添加到列表中，如图1.70所示。

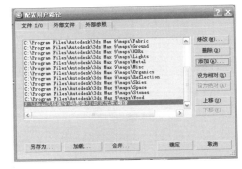

图1.69　【选择新的外部文件路径】对话框　　　图1.70　【配置用户路径】对话框

步骤4：单击 确定 按钮，贴图文件的路径被永久记录在3ds Max.ini文件中(该文件在3ds Max的安装路径下)，以后打开文件时会自动寻找该路径下的贴图。

视频播放："任务二：打通贴图通道"的详细介绍，请观看"任务二：打通贴图通道.mp4"视频文件。

任务三：线架库的使用

作为一个长期从事效果图的设计者，要注意积累一些常用的、好的模型线架文件，以便在以后设计中直接调用，这样可以提高工作效率、缩短工作周期。线架库实际上就是将一些常用的线架文件分门别类地组织起来，以便以后查询和调用。

下面以制作好的"沙发"模型合并到客厅模型中为例，详细介绍线架库的使用。

步骤1：启动3ds Max 2016中文版，打开一个室内效果图的基本线架模型，如图1.71所示。

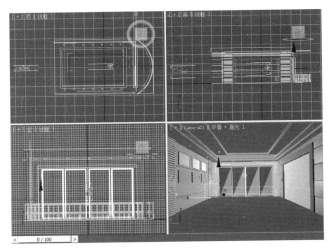

图1.71　基本线架模型

【任务三：线架库的使用】

步骤 2：在菜单栏中选择 → 导入 → 命令，弹出【合并文件】对话框，具体设置如图 1.72 所示。

步骤 3：单击 打开(O) 按钮，弹出【合并】对话框，具体设置如图 1.73 所示。

图 1.72　【合并文件】对话框

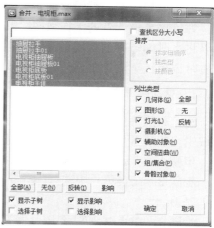

图 1.73　【合并】对话框

步骤 4：单击 确定 按钮，弹出【重复材质名称】对话框，如图 1.74 所示。单击 自动重命名合并材质 按钮，将文件合并到客厅文件中。

步骤 5：利用 ✛(选择并移动)、○(选择并旋转)、▣(选择并均匀缩放)工具对合并进来的线架模型进行位置、方向、大小的调整。最终效果如图 1.75 所示。

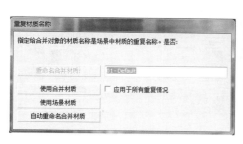

图 1.74　【重复材质名称】对话框

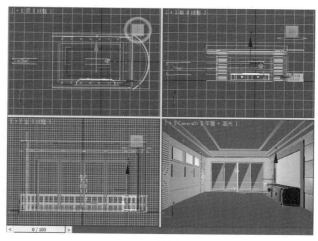

图 1.75　最终效果

方法同上，继续导入其他模型即可。

视频播放："任务三：线架库的使用"的详细介绍，请观看"任务三：线架库的使用.mp4"视频文件。

任务四：材质库的使用

贴图与材质是模型仿真模拟的关键技术，同样的模型，所赋予的材质不同，表现出来的效果将大相径庭。编辑材质是一项非常复杂的工作，编辑出一个好的材质要花费很长时间。为了提高设计者的工作效率，3ds Max 2016 提供了保存材质重复使用的功能，这样就可以将平时编辑好的材质效果和常用的材质效果保存到材质库，方便以后需要赋予类似的材质时调用。下面详细介绍建立材质库和使用材质库的方法。

1. 建立材质库的方法

建立材质库的方法很简单，将平时编辑好的材质保存到材质库即可，问题的关键是怎样编辑出高质量的材质。下面介绍建立材质库的方法。

步骤 1： 启动 3ds Max 2016 中文版。

步骤 2： 在菜单栏中选择 渲染(R) → 材质/贴图浏览器(B)... 命令，弹出【材质/贴图浏览器】对话框，如图 1.76 所示。

步骤 3： 在【材质/贴图浏览器】对话框中选择 ▼ → 新材质库 命令，弹出【创建新材质库】对话框，具体设置如图 1.77 所示。

步骤 4： 单击 确定 按钮完成新材质库的创建。

步骤 5： 在新建的材质库上右击，弹出快捷菜单，如图 1.78 所示。在弹出的快捷菜单中选择 关闭材质库 命令，弹出【从磁盘中删除临时库】对话框，如图 1.79 所示，单击 是(Y) 按钮。

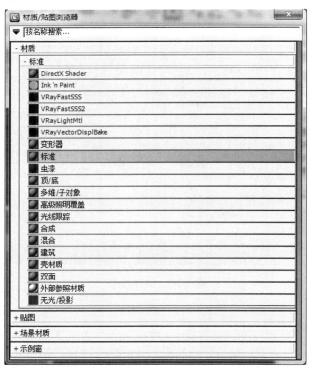

图 1.76　【材质/贴图浏览器】对话框

图 1.77　【创建新材质库】对话框

图 1.78　【材质/贴图浏览器】对话框

图 1.79　【从磁盘中删除临时库】对话框

【任务四：材质库的使用】

2．使用材质库

使用材质库中的材质非常简单。打开场景文件和材质库，将材质库中的材质直接拖到场景中需要赋予材质的模型上松开鼠标左键即可。有时，在不同的环境中使用的材质可能存在差异，这时可以先将材质复制到【材质编辑器】对话框的材质示例球上，然后根据环境需要调整参数即可。

视频播放："任务四：材质库的使用"的详细介绍，请观看"任务四：材质库的使用.mp4"视频文件。

任务五：效果图表现的基本流程

计算机效果图的制作基本流程大致可以分为创建模型、调配材质、设置灯光和相机、渲染输出、后期处理 5 个步骤。各步骤的操作在后面章节中再详细介绍。

视频播放："任务五：效果图表现的基本流程"的详细介绍，请观看"任务五：效果图表现的基本流程.mp4"视频文件。

四、项目小结

本项目主要介绍了单位设置、打通贴图通道、线架库的使用、材质库的使用和效果图表现的基本流程。重点掌握单位设置、材质库的使用和效果表现的基本流程。

五、项目拓展训练

1．填空题

(1) 现代室内设计也称为_____，它所包含的内容和传统的室内装饰相比，涉及的面更广、相关的因素更多，内容也更为深入。

(2) _____是家庭中的主要活动空间，色彩以中性色为主，强调明快、活泼、自然，不宜用太强烈的色彩，整体上更要给人一种舒适的感觉。

(3) _____多强调雅致、庄重、和谐的格调，可以选用灰、褐绿、浅蓝、浅绿色等颜色，同时点缀少量字画，渲染书香气氛。

(4) _____可以采用暖色调，如乳黄、柠檬黄、淡绿色等。

(5) 所谓_____，是指空间构图中各元素的视觉分量给人以稳定的感觉。

(6) _____是表现效果图最关键的一项技术，无论是表现夜景还是日景，都要把握好光线的变化。

2．选择题

(1) 下面哪一项不属于室内设计的依据因素？_____
    A．静态尺度　　　　　　　　　　　B．动态活动范围
    C．心理需求范围　　　　　　　　　D．可扩展空间

(2) _____色调以素雅、整洁为宜，如白色、浅绿色，使之有洁净之感。

【任务五：效果图表现的基本流程】　　【项目 8：项目小结与拓展训练】

    A．客厅   B．卧室   C．卫生间   D．厨房

(3) _____以明亮、洁净为主色调，可以应用淡绿、浅蓝、白色等颜色。

    A．客厅   B．卧室   C．卫生间   D．厨房

(4) 下面哪一项不属于理想的构图比例？_____

    A．2∶3   B．3∶4   C．4∶5   D．6∶9

3．简答题

(1) 室内设计的含义是什么？

(2) 室内设计的基本观点主要有哪几点？

(3) 室内设计的发展趋势是什么？

(4) 楼梯的制作有哪几种方法？

(5) 怎样建立自己的材质库？

(6) 效果图制作的基本流程主要包括哪几个步骤？

4．上机实训

(1) 练习启动 3ds Max 2016 软件。

(2) 利用前面所学知识，创建一些基本的几何体图形。

(3) 创建一扇简单的推拉门。

(4) 创建一个旋转楼梯。

第2章
墙体、门窗、地面制作

技能点

项目 1：墙体制作

项目 2：门窗制作

项目 3：地面制作

说　明

本章主要通过 3 个项目全面介绍收集信息、CAD 图纸分析、墙体制作、门窗制作、地面制作，以及材质的调节。

教学建议课时数

一般情况下需要 12 课时，其中理论 4 课时，实际操作 8 课时(特殊情况可做相应调整)。

在进行装饰设计之前,一定要与客户进行沟通,了解客户的相关信息。例如,客户的职业、爱好、宗教信仰、成长环境和对装修后的功能需求等相关信息。进行实地考察、尺寸测量、绘制草图。根据草图绘制 CAD 装饰设计图纸,再与客户进行反复沟通和修改,直到客户满意为止。通过之后再制作室内效果表现图。

本章主要讲解 CAD 装饰图纸的分析和根据 CAD 图纸制作墙体、门窗和地面模型,以及材质调节,最终效果如下图所示。

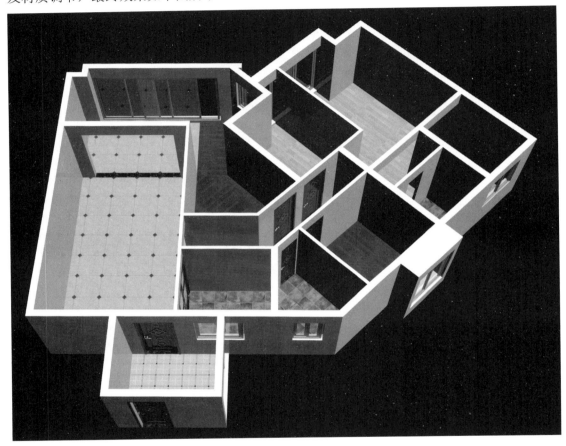

墙体、门窗和地面模型效果

项目 1:墙 体 制 作

一、项目预览

项目效果和相关素材位于"第 2 章/项目 1:墙体制作"文件夹中。本项目主要介绍通过 CAD 图纸制作墙体。

【项目 1:基本概况】

二、项目效果及制作步骤(流程)分析

项目效果图：

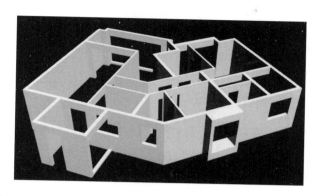

项目大致步骤：

任务一：客户分析、确定 CAD 图纸➡任务二：启动 3ds Max 2016，设置单位和导入 CAD 图纸➡任务三：根据 CAD 图纸制作入户花园、餐厅、客厅和阳台墙体➡任务四：根据 CAD 图纸制作其他墙体➡任务五：给墙体赋予材质

三、项目详细过程

项目引入：

(1) 怎样与客户进行交流？需要了解客户哪些基本信息？

(2) 在进行制作之前为什么要设置 3ds Max 2016 的单位？

(3) 墙体制作主要有哪几种方法？

(4) 怎样给墙体赋予材质？

任务一：客户分析、确定 CAD 图纸

1. 客户分析

与客户交流以后，了解到的基本信息如下。

(1) 客户为教师，主要爱好是看书，需要有足够的空间收藏书籍。

(2) 年龄为中年，在农村长大，有比较浓厚的乡村情结。

(3) 家庭主要成员有：夫妇、老人和一个女儿。

(4) 客户主人比较喜欢现代中式风格，女儿喜欢欧式公主装饰风格。

(5) 客户装修面积为 $140m^2$，有入户花园、客厅、餐厅、厨房、卧室、两个卫生间。主人房中有一个小套房。

(6) 房子的阳台比较大。根据客户要求，将阳台一部分隔离出来与阳台右边的一个房间连通作为大书房的一部分，主要用来作为男主人日常学习的场所。

(7) 主人房中的套房作为女主人的书房。

(8) 老人房要求不高，只要床、衣柜和电视摆放合理即可。

【任务一：客户分析、确定 CAD 图纸】

2. 根据客户分析资料确定室内 CAD 装饰图纸

(1) 根据要求绘制 CAD 平面图。

经过沟通之后，与客户一起在现场实际测量之后，绘制 CAD 平面图，效果如图 2.1 所示。

图 2.1　CAD 平面图

> **提示：** CAD 平面图的绘制在这里就不再详细介绍。具体绘制步骤请读者参考北京大学出版社出版的《Auto CAD 2014 室内装饰设计制图》(由伍福军主编)一书的第 7 章内容。

(2) 根据要求绘制平面布置图。

通过上面与客户交谈收集的信息及装饰设计原则，绘制平面布置图。最终效果如图 2.2 所示。

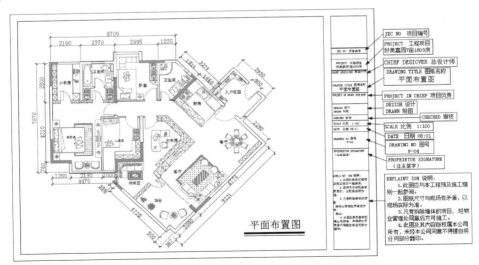

图 2.2　CAD 平面布置图

3．简化图纸

平面布置图经客户确定通过之后，就可以根据图纸制作效果表现图。在制作效果表现图之前，需要先简化图纸。简化之后的图纸如图 2.3 所示。

简化图纸的主要目的是删除多余的图形，导入 3ds Max 2016 之后方便观察和线条勾画。例如，轴线、标注、文字说明、填充、门窗和尺寸标注等相关信息可以删除。

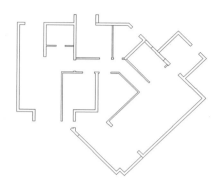

图 2.3　简化之后的平面图

视频播放："任务一：客户分析、确定 CAD 图纸"的详细介绍，请观看"任务一：客户分析、确定 CAD 图纸.mp4"视频文件。

任务二：启动 3ds Max 2016，设置单位和导入 CAD 图纸

1．启动 3ds Max 2016

步骤 1：在桌面上双击 (3ds Max 2016 快捷图标)，即可启动 3ds Max 2016。

步骤 2：将启动的 3ds Max 2016 存储命名为"室内装饰设计墙体制作.max"。

2．设置单位

设置单位的目的是在设计过程中统一单位，方便以后 CAD 图纸和其他模型的导入。一般情况下，室内效果图表现单位设置为毫米，而室外建筑或大型场景表现单位设置为米。单位设置的具体方法如下。

步骤 1：在菜单栏中选择 自定义(U) → 单位设置(U)... 命令，弹出【单位设置】对话框。

步骤 2：设置【单位设置】对话框参数，具体设置如图 2.4 所示。

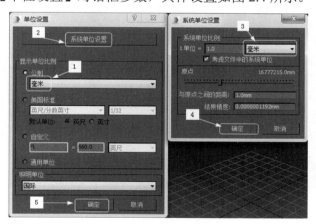

图 2.4　【单位设置】对话框参数设置

步骤 3：设置完毕之后单击 确定 按钮，完成单位设置。

【任务二：启动 3ds Max2016，设置单位和导入 CAD 图纸】

3. 导入 CAD 图纸

导入 CAD 图纸的目的是根据 CAD 图纸绘制线条挤出墙体。图纸导入的具体操作方法如下。

步骤 1：在【顶视图】中单击，即可将【顶视图】设置为当前视图。

步骤 2：在菜单栏中单击 ![icon] → ![icon] → ![icon] (连接 Auto CAD)图标，弹出【打开】对话框，在该对话框中选择"室内装饰设计简化平面图.dwg"文件，单击 打开⊙ 按钮。弹出【管理链接】，如图 2.5 所示。

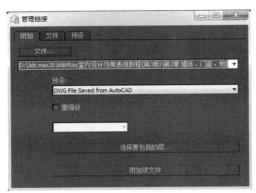

图 2.5 【管理链接】对话框

步骤 3：单击 附加该文件 按钮即可将简化之后的 CAD 图纸导入 3ds Max 2016 中，最终效果如图 2.6 所示。

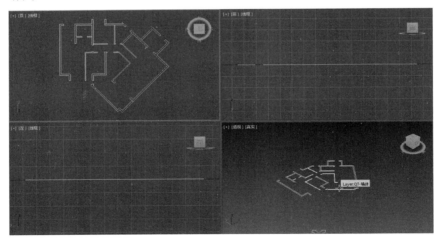

图 2.6 导入的 CAD 图纸

步骤 4：单击【管理链接】对话框中右上角的 ✕ 按钮完成 CAD 图纸的导入。

视频播放："任务二：启动 3ds Max 2016，设置单位和导入 CAD 图纸"的详细介绍，请观看"任务二：启动 3ds Max 2016，设置单位和导入 CAD 图纸.mp4"视频文件。

任务三：根据 CAD 图纸制作入户花园、餐厅、客厅和阳台墙体

墙体制作的方法在第 1 章中介绍了积木堆叠法、二维线形挤出法、参数化墙体和【编辑多边形】命令单面建模 4 种方法。在这里使用积木堆叠法和二维线形挤出法相结合的方法制作墙体。具体操作方法如下。

1. 冻结导入的 CAD 图纸

冻结导入的 CAD 图纸的方法很简单。将鼠标放到导入的 CAD 图纸的任意位置。单击鼠标右键，弹出快捷菜单，在弹出的快捷菜单中选择 冻结当前选择 命令即可将选定的 CAD 图纸冻结。

> **提示：** 在后面介绍冻结对象时，就不再详细介绍，只作提示。解冻冻结的对象方法也比较简单，在【场景资源管理器】窗口将鼠标移到需要解冻的对象上单击鼠标右键，弹出快捷菜单，在弹出的快捷菜单中选择 冻结当前选择 或 全部解冻 (选择该命令，将场景中所有对象进行解冻)命令，即可解冻对象。

2. 绘制入户花园墙体

绘制入户花园墙体的方法采用二维线形挤出法来制作。具体操作方法如下。

步骤 1： 在浮动面板中单击 (图形)→ 线 按钮，在【顶视图】中绘制如图 2.7 所示的闭合曲线。

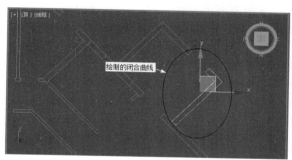

图 2.7　绘制的闭合曲线

步骤 2： 在浮动面板中单击 (修改)按钮，切换到【修改命令】面板。

步骤 3： 单击绘制的闭合曲线。在【修改命令】面板中单击 修改器列表 右边的 按钮，弹出下拉菜单，在弹出的下拉菜单中选择 挤出 命令，即可给绘制的闭合曲线添加【挤出】命令。

步骤 4： 设置【挤出】命令的参数，具体设置如图 2.8 所示。设置参数之后的效果如图 2.9 所示。

> **提示：** 在后面介绍中，添加修改命令和设置参数时，就不再详细介绍添加命令的操作步骤，只提示为添加某命令，具体参数设置如某图所示即可。

步骤 5： 方法如上。继续绘制如图 2.10 所示的闭合曲线。

【任务三：根据 CAD 图纸制作入户花园、餐厅、客厅和阳台墙体】

 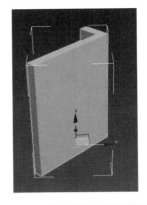 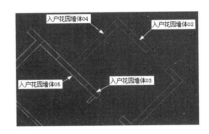

图 2.8　【挤出】命令参数设置　　图 2.9　设置参数之后的效果　　图 2.10　绘制的闭合曲线

　　步骤 6：给绘制的闭合曲线添加【挤出】命令。调节【挤出】命令的挤出参数。最终效果如图 2.11 所示。

　　步骤 7：将"入户花园墙体 04"挤出对象复制一份并命名为"入户花园墙体 06"，挤出量改为"450"，位置如图 2.12 所示。

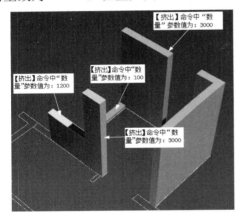 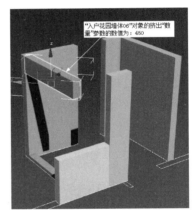

图 2.11　添加【挤出】命令之后的效果　　　　图 2.12　复制对象修改参数之后的效果

3. 餐厅、客厅和阳台墙体

　　餐厅、客厅和阳台墙体绘制方法与入户花园墙体绘制的方法完全相同。绘制闭合曲线再添加【挤出】命令和修改【挤出】命令参数。具体操作如下。

　　步骤 1：绘制如图 2.13 所示闭合曲线。

　　步骤 2：给给绘制的闭合曲线添加【挤出】命令，最终效果如图 2.14 所示。

　　视频播放："任务三：根据 CAD 图纸制作入户花园、餐厅、客厅和阳台墙体"的详细介绍，请观看"任务三：根据 CAD 图纸制作入户花园、餐厅、客厅和阳台墙体.mp4"视频文件。

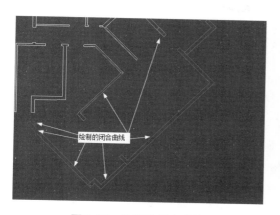

图 2.13　绘制的闭合曲线

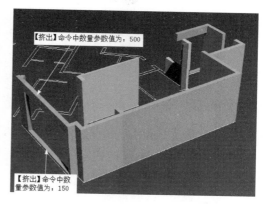

图 2.14　添加【挤出】命令并修改参数之后的效果

任务四：根据 CAD 图纸制作其他墙体

其他墙体制作的方法同客厅墙体制作的方法完全相同，绘制闭合曲线并添加【挤出】命令和复制对象修改【挤出】命令中"数量"参数值。具体操作如下。

步骤 1：使用【线】命令绘制如图 2.15 所示的闭合曲线。

步骤 2：给绘制的闭合曲线添加【挤出】命令，【挤出】命令中"数量"参数值为：3000。最终效果如图 2.16 所示。

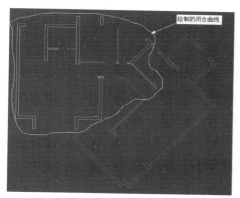

图 2.15　绘制的闭合曲线

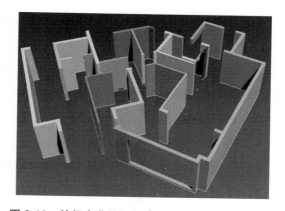

图 2.16　给闭合曲线添加【挤出】命令之后的效果

步骤 3：绘制门窗顶部和底部的墙体。绘制好的门窗位置处的闭合曲线如图 2.17 所示。

步骤 4：给绘制的闭合曲线添加【挤出】命令，【挤出】命令中"数量"参数值为：500。对窗户位置的挤出对象进行复制，并修改【挤出】命令中"数量"参数值为：1200，最终效果如图 2.18 所示。

步骤 5：绘制如图 2.19 所示的闭合曲线。

步骤 6：给绘制的闭合曲线添加【挤出】命令，【挤出】命令中"数量"参数值为：500，最终效果如图 2.20 所示。

【任务四：根据 CAD 图纸制作其他墙体】

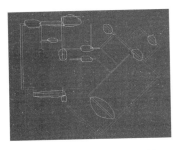

图 2.17　绘制的闭合曲线

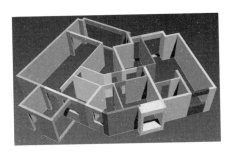

图 2.18　添加【挤出】命令和复制修改之后的效果

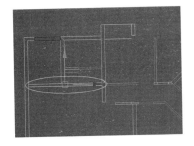

图 2.19　绘制闭合曲线

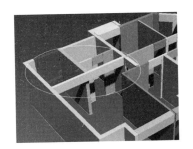

图 2.20　添加【挤出】命令之后的效果

视频播放: "任务四:根据 CAD 图纸制作其他墙体"的详细介绍,请观看"任务四:根据 CAD 图纸制作其他墙体.mp4"视频文件。

任务五:给墙体赋予材质

本任务主要将制作的对象转换为可编辑多边形,附加成一个对象,重命名为"墙体"并赋予材质,具体操作如下。

1. 将对象转换为可编辑多边形,附加为一个对象并命名为"墙体"

步骤 1: 将鼠标移到场景中任意一个挤出对象上单击鼠标右键,弹出快捷菜单。在弹出的快捷菜单中选择 转换为 → 转换为可编辑多边形 命令即可将对象转换为可编辑多边形。

步骤 2: 选择转换为可编辑多边形的对象,按键盘上的"5"键,切换到多边形的元素级别。

步骤 3: 在【修改】浮动面板中单击 附加 按钮,将鼠标移到场景中依次单击需要附加的对象并命名为"墙体",参数面板如图 2.21 所示,最终效果如图 2.22 所示。

图 2.21　附加并重命名之后的【修改】浮动面板

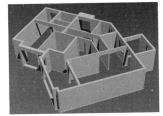

图 2.22　附加之后的最终效果

【任务五:给墙体赋予材质】

2．将渲染器切换到 VRay 渲染器

本项目主要采用 VRay 材质进行贴图，为了得到最佳的表现效果，所以需要将渲染切换到 VRay 渲染器。具体切换操作步骤如下。

步骤 1： 在菜单栏中单击 (渲染设置)按钮，弹出【渲染设置】对话框。

步骤 2： 在【渲染设置】对话框中单击 指定渲染器 按钮，展开"指定渲染器"卷展栏。

步骤 3： 单击"指定渲染器"卷展栏中 产品级： 默认扫描线渲染器 右边的 按钮，弹出【选择渲染器】对话框。在该对话框中选择 V-Ray Adv 3.00.07 选项，单击 确定 按钮即可将渲染器转换为 VRay 渲染器。

3．制作"墙体—白色乳胶漆"材质

乳胶漆材质表现在室内装饰设计中使用比较频繁，且乳胶漆的表现颜色也比较多。各种颜色乳胶漆材质的表现方法基本相同，只要修改【漫反射】的颜色即可。在此以制作"墙体—白色乳胶漆"材质为例，介绍乳胶漆材质的制作方法。具体制作方法如下。

步骤 1： 在菜单栏中单击 (材质编辑器)按钮，弹出【材质编辑器】对话框。在【材质编辑器】对话框选择第 1 个示例球，命名为"墙体—白色乳胶漆"。单击 Standard 按钮弹出【材质/贴图浏览器】对话框，在该对话框中选择 VRayMtl 材质选项，单击 确定 按钮即可将 Standard 材质转换为 VRayMtl 材质。

步骤 2： 设置"墙体—白色乳胶漆"材质参数，具体设置如图 2.23 所示。

步骤 3： 将材质赋予墙体。在场景中选择"墙体"对象。在【材质编辑器】对话框中单击 (将材质指定给选定对象)按钮即可将"墙体—白色乳胶漆"材质赋予"墙体"对象。

提示： 为了增加墙面的真实感，可以给"墙体—白色乳胶漆"材质中【凹凸】属性添加一张【噪波】贴图，设置凹凸数值为 1 即可。凹凸中的【噪波】贴图主要用来模拟墙面凹凸不平的感觉，如果是制作干净整洁的墙面，就不用设置【凹凸】属性参数。

步骤 4： 在菜单栏中单击 (渲染产品)按钮即可将赋予材质的墙体渲染出来，最终效果如图 2.24 所示。

图 2.23　"墙体—白色乳胶漆"材质的参数设置

图 2.24　赋予材质之后渲染的效果

提示： 在此制作的"墙体—白色乳胶漆"材质不是最终渲染的材质，到最后进行灯光架设时，要根据实际情况进行相应参数的调节。

视频播放："任务五：给墙体赋予材质"的详细介绍，请观看"任务五：给墙体赋予材质.mp4"视频文件。

四、项目小结

本项目主要了解了客户需求、3ds Max 2016 的启动、单位设置、CAD 图纸的确定、根据 CAD 图纸制作墙体和为墙体赋予材质。重点要求掌握根据 CAD 图纸制作墙体和"白色乳胶漆"材质的制作方法和原理。

五、项目拓展训练

根据前面所学知识使用提供的 CAD 平面图制作墙体，最终效果如下图所示。

项目 2：门 窗 制 作

一、项目预览

项目效果和相关素材位于"第 2 章/项目 2：门窗制作"文件夹中。本项目主要介绍门窗制作的方法与技巧。

【项目 1：小结与拓展训练】　　　【项目 2：基本概况】

二、项目效果及制作步骤(流程)分析

项目部分效果图：

项目大致步骤：

任务一：制作枢轴门模型 ➡ 任务二：制作推拉门模型 ➡ 任务三：给门模型赋予材质 ➡ 任务四：制作窗户模型 ➡ 任务五：给窗户赋予材质

三、项目详细过程

项目引入：

(1) 制作门模型主要有哪几种方法？

(2) 什么叫多维子对象材质？

(3) 制作木纹烤漆材质的原理是什么？

(4) 制作窗户模型主要有哪几种方法？

(5) 制作铝塑钢和玻璃材质的原理是什么？

任务一：制作枢轴门模型

在室内效果表现中，门模型制作主要有以下几种方法。

方法一：通过建模来完成。

方法二：通过贴图来完成。

方法三：通过系统参数调节来完成。

方法四：通过几种方法相结合来完成。

在本项目中主要通过建模、贴图和系统参数调节来完成。首先通过系统参数调节制作门框和门扇模型，其次使用建模的方法制作门的拉手，通过贴图的方法制作门的各种花纹。具体操作步骤如下。

1. 通过系统参数调节来制作门的模型

步骤 1：在浮动面板中单击 标准基本体 ▼ 标签，弹出下拉菜单，在弹出的下拉菜单中选择 门 命令，切换到【门】浮动面板。

步骤 2：在浮动面板中单击 枢轴门 按钮，在【顶视图】中绘制枢轴门，如图 2.25 所示。

【任务一：制作枢轴门模型】

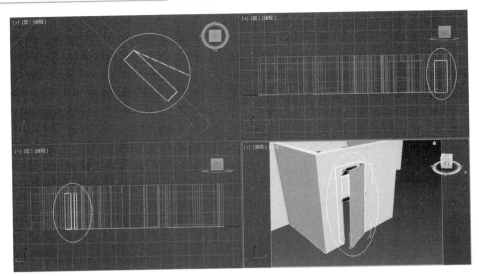

图 2.25　绘制的门效果

步骤 3：调节枢轴门的参数，具体调节如图 2.26 所示。

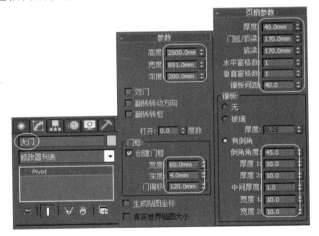

图 2.26　枢轴门的参数调节

步骤 4：选择调节好参数的门，单击状态栏中的█(孤立当前选择切换)按钮，将选择的门孤立显示。

步骤 5：在【透视视图】中调节好角度。单击█(渲染产品)按钮，最终渲染效果如图 2.27 所示。

2. 制作门的装饰效果

装饰"福"效果制作主要通过【文字】命令和【剖面倒角】命令来制作。具体制作方法如下。

步骤 1：在浮动面板中单击█(图形)→█文本█按钮，在【前视图】中单击并在浮动面板中调节文字参数，具体调节如图 2.28 所示。文字在各视图中的位置如图 2.29 所示。

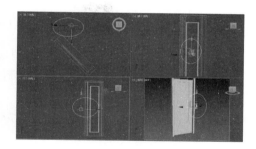

图 2.27　门的渲染效果　　　图 2.28　文字参数调节　　　图 2.29　文字在各视图中的位置

步骤 2： 在【顶视图】中绘制一个矩形，效果和参数设置如图 2.30 所示。

步骤 3： 将绘制的矩形转换为可编辑样条线。按键盘上的"2"键，进入可编辑样条线的"线段"编辑模式，将多余的线段删除，最终效果如图 2.31 所示。

步骤 4： 选择创建的文字，切换到【修改】浮动面板，给文字添加 倒角剖面 命令。在浮动面板中单击 拾取剖面 按钮，在视图中单击创建的可编辑样条线作为文字的倒角剖面线。最终效果如图 2.32 所示。

图 2.30　矩形效果和参数设置　　图 2.31　创建的可编辑样条线　　图 2.32　创建的倒角剖面文字

步骤 5： 对倒角剖面文字进行镜像处理。选择倒角剖面文字，在工具栏中单击 (镜像) 按钮，弹出【镜像】对话框，具体参数设置如图 2.33 所示。单击 确定 按钮完成镜像。

步骤 6： 在【前视图】中绘制一个 400mm×400mm 的矩形，将绘制的矩形旋转 45° 并将其转换为可编辑样条线。按键盘上的"3"键进入样条线编辑模式，在 轮廓 右边的文本输入框中输入 30，按 Enter 键即可得到一个轮廓为 30 的矩形，如图 2.34 所示。

步骤 7： 方法同上，绘制半径为 100mm 的圆，将其转换为可编辑样条线，轮廓值为-20。将轮廓之后的圆环复制两个，调节好位置。最终效果如图 2.35 所示。

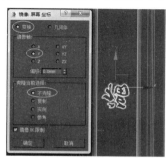

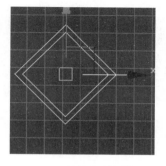

图 2.33　镜像参数和文字效果　　图 2.34　轮廓之后的矩形　　图 2.35　轮廓的效果和位置关系

步骤8：方法同上，给轮廓的图形添加"倒角剖面"命令，为前面的文字拾取剖面。最终效果如图 2.36 所示。

步骤9：将通过倒角剖面得到的图形转换为可编辑多边形，将转换的可编辑多边附加为一个对象，命名为"门装饰"。再复制一份命名为"门装饰01"，调节好位置，如图 2.37 所示。

> **提示**：如果转换为可编辑多边形之后的"门装饰"对象与创建的门不匹配的话，可以通过"缩放"命令进行放大或缩小。

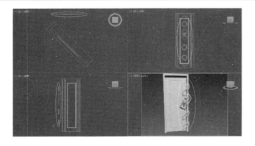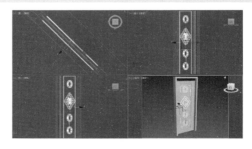

图 2.36　倒角剖面之后的效果　　　　图 2.37　转换为可编辑多边形和复制之后的效果

3. 制作门的不锈钢把手

门的不锈钢把手，在此通过合并的方式将其合并到场景中。合并的具体操作步骤如下。

步骤1：选择🔲→🔲→🔲(合并)命令弹出【合并文件】对话框，在该对话框选择"门的拉手.max"文件，单击 打开(O) 按钮，弹出【合并】对话框，具体设置如图 2.38 所示。

步骤2：单击 确定 按钮，即可将选择的"门拉手"合并到场景中，对导入的"门拉手"进行旋转和位置调节。最终效果如图 2.39 所示。

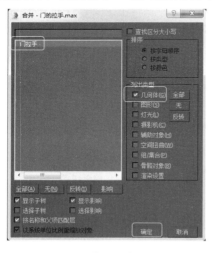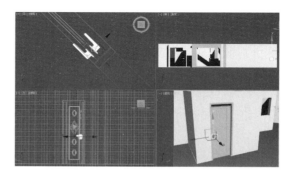

图 2.38　【合并】对话框　　　　　　图 2.39　导入的"门拉手"的位置

步骤3：选择如图 2.40 所示的对象。在菜单栏中选择 组(G)→组(G)...命令弹出【组】对话框，具体设置如图 2.41 所示。单击 确定 按钮将选定对象组合成一个名为"门"的组。

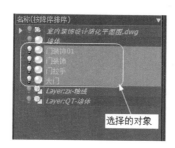

图 2.40　选择的对象

图 2.41　【组】对话框

视频播放："任务一：制作枢轴门模型"的详细介绍，请观看"任务一：制作枢轴门模型.mp4"视频文件。

任务二：制作推拉门模型

推拉门的制作主要采用参数调节来制作。该推拉门主要为厨房位置的门，门的中间为玻璃。具体制作方法如下。

步骤 1： 在浮动面板中选择 ▓(创建)→ ○(几何体)→ 标准基本体 ，弹出下拉菜单，在弹出的下拉菜单中选择【门】命令，切换到门创建类型。

步骤 2： 在浮动面板中单击 推拉门 按钮，在【顶视图】中创建推拉门，具体参数设置如图 2.42 所示，渲染效果如图 2.43 所示。

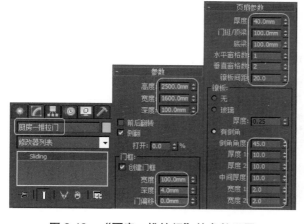

图 2.42　"厨房—推拉门"的参数设置

图 2.43　"厨房—推拉门"的渲染效果

视频播放："任务二：制作推拉门模型"的详细介绍，请观看"任务二：制作推拉门模型.mp4"视频文件。

任务三：给门模型赋予材质

制作门的材质主要用到烤漆木纹、玻璃和不锈钢三种材质。

【任务二：制作推拉门模型】　　　　【任务三：给门模型赋予材质】

1. 制作"烤漆木纹 01"材质

步骤 1： 在菜单栏中单击 (材质编辑器)按钮，弹出【材质编辑器】对话框，在【材质编辑器】对话框中选择一个示例球并命名为"烤漆木纹 01"。

步骤 2： 单击"烤漆木纹 01"右边的 Standard 按钮，弹出【材质/贴图浏览器】对话框，在该对话框中选择 VRayMtl 材质。单击 确定 按钮即可将 Standard 材质切换为 VRayMtl 材质。

步骤 3： 单击 漫反射 右边的 按钮，弹出【材质/贴图浏览器】对话框，在该对话框中双击 位图 材质，弹出【选择位图图像文件】对话框，在该对话框选择"木纹 047"图片。单击 打开(O) 按钮返回【材质编辑器】对话框。

步骤 4： 单击 (转到父对象)按钮，返回上一级。设置参数，具体设置如图 2.44 所示。

2. 制作"烤漆木纹 02"材质

"烤漆木纹 02"材质的制作与"烤漆木纹 01"材质的参数完全相同，只要将漫反射的"木纹 047"图片换成"木纹 017"即可。

3. 制作"不锈钢"材质

步骤 1： 在【材质编辑器】对话框中选择一个材质示例球命名为"不锈钢"。

步骤 2： 将"不锈钢"材质切换为 VRayMtl 材质。设置"不锈钢"材质的参数，参数的具体调节如图 2.45 所示。

提示： 在此设置"不锈钢"材质的反射为 100%(纯白色)，反射可能有点强烈，在后面进行灯光调节时，要根据实际情况适当调低反射值。

步骤 3： 将"烤漆木纹 01"材质赋予枢轴门。将"烤漆木纹 02"材质赋予枢轴门的装饰对象。将"不锈钢"材质赋予枢轴门的拉手。渲染效果如图 2.46 所示。

图 2.44　"烤漆木纹 01"参数设置

图 2.45　"不锈钢"材质参数设置

图 2.46　渲染效果

4. 制作"推拉门材质"

"推拉门材质"主要采用"多维/子对象"材质来完成。在"多维/子对象"材质中包括了一个"压花玻璃材质"和一个"烤漆木纹材质"。"压花玻璃材质"主要通过混合材质来实现。详细制作步骤如下。

步骤 1：在【材质编辑器】对话框中选择一个示例球并命名为"推拉门材质"。

步骤 2：单击"推拉门材质"右边的 Standard 按钮，弹出【材质/贴图浏览器】对话框，在该对话框中选择 多维/子对象 材质，单击 确定 按钮弹出【替换材质】对话框。在该对话框中单选 丢弃旧材质 项，再单击 确定 按钮即可将 Standard 材质切换为 多维/子对象 材质。

步骤 3：设置 多维/子对象 材质的数量为 3，给每个材质命名，如图 2.47 所示。

步骤 4："烤漆框外"材质的制作。单击"烤漆框外"右边的 无 按钮弹出【材质/贴图浏览器】对话框，在该对话框中选择 VRayMtl 材质，单击 确定 按钮即可将 Standard 材质切换为 VRayMtl 材质，具体参数设置如图 2.48 所示。

步骤 5：单击 (转到父对象)按钮，返回上一级。将鼠标移到 Material #96（VRayMtl）上，按住鼠标左键不放，移到"烤漆框内"材质上松开鼠标左键，弹出【实例(副本)材质】对话框，具体设置如图 2.49 所示。单击 确定 按钮完成材质的实例复制，如图 2.50 所示。

图 2.47　多维/子对象材质球设置　　图 2.48　"烤漆框外"材质参数　　图 2.49　【实例(副本)材质】对话框

步骤 6：单击"玻璃扇叶"右边的 无 按钮，进入"玻璃扇叶"材质参数设置中，将"玻璃扇叶"材质由 Standard 材质切换为 混合 材质。再将"材质 1"和"材质 2"也切换为 VRayMtl 材质，如图 2.51 所示。

步骤 7：给"遮罩"添加一张名为"yahua01"黑白图片作为遮罩，如图 2.52 所示。

图 2.50　实例复制之后的效果　　图 2.51　转换为 VRayMtl 材质的混合材质　　图 2.52　添加黑白图片之后的参数面板

步骤 8：设置"材质 1"和"材质 2"的参数，具体设置如图 2.53 所示。

步骤 9：将材质赋予"厨房—推拉门"，并给"厨房—推拉门"添加一个【UVW 贴图】命令，具体参数设置如图 2.54 所示。

步骤 10：渲染"厨房—推拉门"，渲染效果如图 2.55 所示。

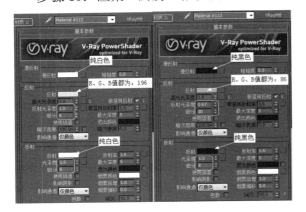  

图 2.53　"材质 1"和"材质 2"的参数　　　图 2.54　UVW 贴图参数　　图 2.55　渲染效果

视频播放："任务三：给门模型赋予材质"的详细介绍，请观看"任务三：给门模型赋予材质.mp4"视频文件。

任务四：制作窗户模型

窗户模型的制作比较简单。也采用传统参数调节的方式来制作。具体操作方法如下。

步骤 1：在浮动面板中选择■(创建)→■(几何体)→标准基本体▼→窗命令，切换到创建窗对象类型。

步骤 2：在浮动面板中单击推拉窗按钮，在【顶视图】中创建推拉窗，将创建的推拉窗命名为"阳台推拉窗"。具体参数设置如图 2.56 所示。

步骤 3：对"阳台推拉窗"进行渲染，渲染效果如图 2.57 所示。

 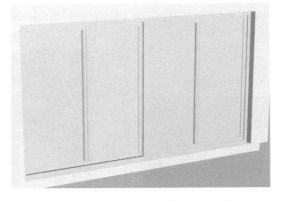

图 2.56　推拉门的参数设置　　　　图 2.57　"阳台推拉窗"渲染效果

视频播放："任务四：制作窗户模型"的详细介绍，请观看"任务四：制作窗户模型.mp4"视频文件。

【任务四：制作窗户模型】

任务五：给窗户赋予材质

窗户材质也是通过"多维/子对象"材质来实现的。在"多维/子对象"材质中包括两个"铝合金材质"和一个"透明玻璃材质"。具体操作方法如下。

步骤 1：打开【材质编辑器】，选择一个示例球并命名为"推拉窗材质"。将材质切换为"多维/子对象"材质，子对象设置为 3，每个材质球命名如图 2.58 所示。

步骤 2："铝合金 01"材质和"玻璃 01"切换为 VRayMtl 材质，如图 2.59 所示。

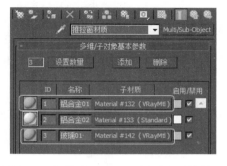

图 2.58　创建的"多维/子对象"材质参数　　　图 2.59　切换为 VRayMtl 材质之后的效果

步骤 3：设置"铝合金 01"材质的参数，具体设置如图 2.60 所示。

步骤 4：给"铝合金 01"材质的凹凸贴图属性添加一张名为"金属 103"贴图。贴图的具体参数设置如图 2.61 所示。

图 2.60　"铝合金 01"材质的参数设置　　　图 2.61　"凹凸贴图"属性参数设置

步骤 5：给创建的"阳台推拉门"添加【UVW 贴图】命令，具体参数设置如图 2.62 所示。

步骤 6：将"铝合金 01"材质以实例方式复制给"铝合金 02"材质。

步骤 7：设置"玻璃 01"材质的参数，具体参数调节如图 2.63 所示。

步骤 8：单击■(渲染产品)按钮，对赋予材质的"阳台推拉窗"进行渲染。最终效果如图 2.64 所示。

提示：其他门窗的制作方法与前面介绍的方法完全相同，只是大小上的区别，在此就不再详细介绍。最终效果如图 2.65 所示。

【任务五：给窗户赋予材质】

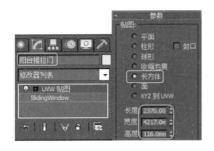

图 2.62　UVW 贴图参数

图 2.63　"玻璃 01" 材质参数

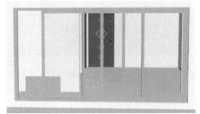

图 2.64　赋予材质推拉窗效果

图 2.65　添加其他门窗之后的效果

> **视频播放：** "任务五：给窗户赋予材质" 的详细介绍，请观看 "任务五：给窗户赋予材质.mp4" 视频文件。

四、项目小结

本项目主要介绍了门窗模型制作和材质调节。重点要求掌握门窗中木纹材质、铝合金材质、玻璃材质和压花材质的制作原理、方法和相关参数调节。

五、项目拓展训练

根据前面所学知识将项目 1 中的拓展训练制作的墙、门及窗赋予材质。最终效果如下图所示。

【项目 2：小结与拓展训练】

项目 3：地　面　制　作

一、项目预览

项目效果和相关素材位于"第 2 章/项目 3：地面制作"文件夹中。本项目主要介绍地面制作的方法与技巧。

二、项目效果及制作步骤(流程)分析

项目部分效果图：

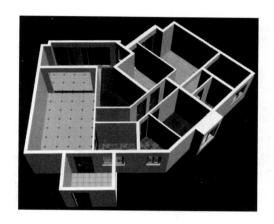

项目大致步骤：

任务一：创建地面材质模型➡任务二：客厅、餐厅、阳台与过道地面材质表现➡任务三：主人房和儿童房地面材质表现➡任务四：老人房与书房地面材质表现➡任务五：厨房和卫生间地面材质表现➡任务六：入户花园地面材质表现➡任务七：门槛石地面材质表现

三、项目详细过程

项目引入：

(1) 瓷砖地面制作的原理是什么？

(2) 木地板地面制作的原理是什么？

(3) 瓷砖有哪些特性？

(4) 木地板有哪些特性？

任务一：创建地面材质模型

创建地面材质模型的方法比较简单，主要通过将闭合曲线转换为可编辑多边形方法来制作。具体操作方法如下。

步骤 1： 开启 2.5 维捕捉开关，在浮动面板中单击■(创建)→■(图形)→■按钮，在【前

【项目 3：基本概况】　　【任务一：创建地面材质模型】

视图】中沿入户花园的墙线绘制闭合曲线。

步骤 2：将绘制的闭合曲线命名为"入户花园地面"。

步骤 3：将"入户花园地面"闭合曲线转换为可编辑多边形。将鼠标移到绘制的闭合曲线上，单击鼠标右键弹出快捷菜单，在弹出的快捷菜单中选择 [转换为]→[转换为可编辑多边形] 命令即可将绘制的闭合曲线转换为可编辑多边形，如图 2.66 所示。在【修改】浮动面板中的效果如图 2.67 所示。

> **提示**：绘制闭合曲线时，在开启 2.5 维捕捉之前，需要设置捕捉类型，将鼠标移到 [2.5] (捕捉开关)上单击鼠标右键，弹出【栅格和捕捉设置】对话框，根据捕捉需要进行设置，设置完毕单击 ⊠ 按钮关闭即可。

步骤 4：方法同上，创建其他地面模型。最终效果如图 2.68 所示。

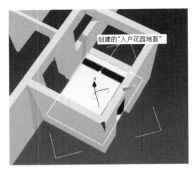

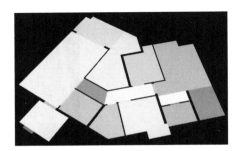

图 2.66　"入户花园地面"模型　　图 2.67　浮动面板中　　图 2.68　绘制的地面模型
　　　　　　　　　　　　　　　　　　的效果

步骤 5：选中所有地面模型，在菜单栏中选择 [组(G)]→[组(G)...] 命令，弹出【组】对话框，在该对话框中输入"地面"。单击 [确定] 按钮即可将所有选中的地面成为一个名为"地面"的组。

> **视频播放**："任务一：创建地面材质模型"的详细介绍，请观看"任务一：创建地面材质模型.mp4"视频文件。

任务二：客厅、餐厅、阳台与过道地面材质表现

主要表现的地面材质有瓷砖材质、木地板材质、微晶石材质和大理石材质。

下面介绍"瓷砖材质"的制作。

步骤 1：打开【材质编辑器】选择一个空白示例球，将其命名为"地板瓷砖材质"。

步骤 2：将该"地板瓷砖材质"由 [Standard] 材质切换为 [VRayMtl] 材质。

步骤 3：给 [漫反射] 属性添加一张名为"瓷砖 13"图片贴图，"地板瓷砖材质"的具体参数设置如图 2.69 所示。

步骤 4：将"地板瓷砖材质"赋予"客厅地面"对象。给"客厅地面"对象添加一个【UVW 贴图】命令，展开【UVW 贴图】命令子对象，在子对象层级中选择 [Gizmo] 项，在【顶视图】中使用 ○(旋转工具)和 ✛(移动工具)对"Gizmo"旋转 45°之后，再移动到合适位置即可。【UVW 贴图】命令参数设置如图 2.70 所示。渲染效果如图 2.71 所示。

【任务二：客厅、餐厅、阳台与过道地面材质表现】

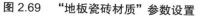

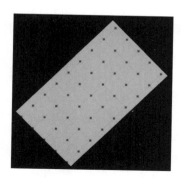

图 2.69　"地板瓷砖材质"参数设置　　图 2.70　【UVW 贴图】命令参数　　图 2.71　添加贴图之后的渲染效果

步骤 5：将"地板瓷砖材质"赋予"过道地面 01""过道地面 02""阳台地面"对象，依次给它们添加【UVW 贴图】命令，参数设置同上，依次对【UVW 贴图】命令的"Gizmo"进行移动和旋转，最终效果如图 2.72 所示。

视频播放："任务二：客厅、餐厅、阳台与过道地面材质表现"的详细介绍，请观看"任务二：客厅、餐厅、阳台与过道地面材质表现.mp4"视频文件。

任务三：主人房和儿童房地面材质表现

主人房和儿童房地面主要使用浅色仿木瓷砖。具体制作方法如下。

步骤 1：打开【材质编辑器】选择一个空白示例球，将其命名为"浅色仿木地板"。

步骤 2：将该"浅色仿木地板"材质由 Standard 材质切换为 VRayMtl 材质。

步骤 3：给 漫反射 属性添加一张名为"木板 029"图片贴图，"浅色仿木地板"的具体参数设置如图 2.73 所示。

步骤 4：依次给添加"浅色仿木地板"材质的对象添加【UVW 贴图】命令，【UVW 贴图】命令的具体参数设置如图 2.74 所示。

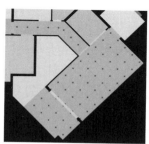

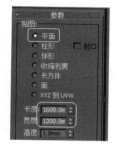

图 2.72　添加"地板瓷砖材质"的效果　　图 2.73　"浅色仿木地板"的参数设置　　图 2.74　【UVW 贴图】命令参数

步骤 5：依次对【UVW 贴图】命令的"Gizmo"进行移动和旋转，添加"浅色仿木地板"材质的渲染效果如图 2.75 所示。

77

【任务三：主人房和儿童房地面材质表现】

视频播放： "任务三：主人房和儿童房地面材质表现"的详细介绍，请观看"任务三：主人房和儿童房地面材质表现.mp4"视频文件。

任务四：老人房与书房地面材质表现

老人房与书房地面主要使用深色仿木瓷砖。具体制作方法如下。

步骤 1： 打开【材质编辑器】选择一空白示例球，将其命名为"深色仿木地板"。

步骤 2： 将该"深色仿木地板"材质由 Standard 材质切换为 VRayMtl 材质。

步骤 3： 给 漫反射 属性添加一张名为"木板 062"图片贴图，"深色仿木地板"的具体参数设置如图 2.76 所示。

步骤 4： 依次给添加"深色仿木地板"材质的对象添加【UVW 贴图】命令，【UVW 贴图】命令的具体参数设置如图 2.77 所示。

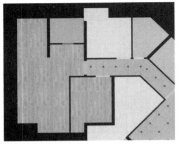

图 2.75 添加"浅色仿木地板" 图 2.76 "深色仿木地板" 图 2.77 【UVW 贴图】命令的参数
材质的渲染效果　　　　　　的具体参数设置

步骤 5： 依次对【UVW 贴图】命令的"Gizmo"进行移动和旋转，添加"深色仿木地板"材质的渲染效果如图 2.78 所示。

视频播放： "任务四：老人房与书房地面材质表现"的详细介绍，请观看"任务四：老人房与书房地面材质表现.mp4"视频文件。

任务五：厨房和卫生间地面材质表现

厨房和卫生间地面比较容易脏，在这里采用仿古深色的瓷砖作为地面材质。具体制作方法如下。

步骤 1： 打开【材质编辑器】选择一个空白示例球，将其命名为"仿古地面材质"。

步骤 2： 将该"仿古地面材质"由 Standard 材质切换为 VRayMtl 材质。

步骤 3： 给 漫反射 属性添加一幅名为"仿古砖 03"图片贴图，"仿古地面材质"的具体参数设置如图 2.79 所示。

步骤 4： 将"仿古地面材质"赋予"厨房地面""卫生间地面""主人房卫生间地面"对象。

步骤 5： 依次给添加"仿古地面材质"的对象添加【UVW 贴图】命令，【UVW 贴图】命令的具体参数设置如图 2.80 所示。

【任务四：老人房与书房地面材质表现】　　【任务五：厨房和卫生间地面材质表现】

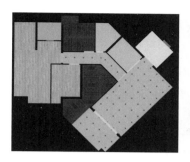  

图 2.78　添加"深色仿木地板"　　图 2.79　"仿古地面材质"　　图 2.80　【UVW 贴图】命令
　　　　　材质的渲染效果　　　　　　　　 的具体参数　　　　　　　　 的具体参数设置

步骤 6：依次对【UVW 贴图】命令的"Gizmo"进行移动和旋转，添加"仿古地面材质"的渲染效果如图 2.81 所示。

视频播放："任务五：厨房和卫生间地面材质表现"的详细介绍，请观看"任务五：厨房和卫生间地面材质表现.mp4"视频文件。

任务六：入户花园地面材质表现

入户花园是入门的第一印象，在材质挑选上需要慎重考虑，根据与客户的交流挑选比较浅色的瓷砖。具体制作方法如下。

步骤 1：打开【材质编辑器】选择一个空白示例球，将其命名为"入户花园瓷砖"。

步骤 2：将该"入户花园瓷砖"材质由 Standard 材质切换为 VRayMtl 材质。

步骤 3：给 漫反射 属性添加一张名为"瓷砖 10"图片贴图，"入户花园瓷砖"的具体参数设置如图 2.82 所示。

步骤 4：将"入户花园瓷砖"赋予"入户花园地面"对象。

步骤 5：给添加"入户花园瓷砖"的对象添加【UVW 贴图】命令，【UVW 贴图】命令的具体参数设置如图 2.83 所示。

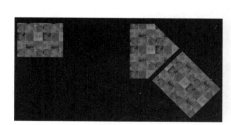  

图 2.81　添加"仿古地面材质"　　图 2.82　"入户花园瓷砖"　　图 2.83　【UVW 贴图】
　　　　　的渲染效果　　　　　　　　 的具体参数设置　　　　　　　 命令的具体
　　　　　　　　　　　　　　　　　　　　　　　　　　　　　　　　　 参数设置

步骤 6：对【UVW 贴图】命令的"Gizmo"进行移动和旋转，添加"入户花园地面"材质的渲染效果如图 2.84 所示。

【任务六：入户花园地面材质表现】

视频播放:"任务六:入户花园地面材质表现"的详细介绍,请观看"任务六:入户花园地面材质表现.mp4"视频文件。

任务七:门槛石地面材质表现

门槛石是室内相邻空间分割的主要元素,在这里主要采用深绿色材质来进行分割。具体制作方法如下。

步骤 1:打开【材质编辑器】选择一空白示例球,将其命名为"门槛石材质"。

步骤 2:将该"门槛石材质"由 Standard 材质切换为 VRayMtl 材质。

步骤 3:给 漫反射 属性添加一张名为"石材 105"图片贴图,"门槛石材质"的具体参数设置如图 2.85 所示。

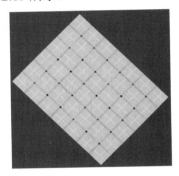

图 2.84　添加"入户花园地面"材质的渲染效果　　图 2.85　"门槛石材质"的具体参数设置

步骤 4:将"门槛石材质"赋予各个门槛石对象。

步骤 5:依次给添加"门槛石材质"的对象添加【UVW 贴图】命令,【UVW 贴图】命令的具体参数设置如图 2.86 所示。

步骤 6:对【UVW 贴图】命令的"Gizmo"进行移动和旋转,添加"门槛石材质"的渲染效果如图 2.87 所示。

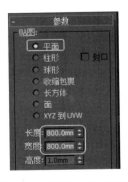

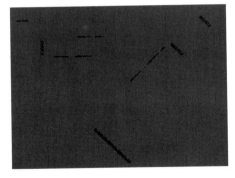

图 2.86　【UVW 贴图】命令的具体参数设置　　图 2.87　添加"门槛石材质"的渲染效果

视频播放:"任务七:门槛石地面材质表现"的详细介绍,请观看"任务七:门槛石地面材质表现.mp4"视频文件。

【任务七:门槛石地面材质表现】

四、项目小结

本项目主要介绍了地面材质的创建和具体参数调节。重点要求掌握大理石材质和仿木地板材质制作的原理和具体参数调节。

五、项目拓展训练

根据前面所学知识，给项目 1 和项目 2 中已制作好的墙体和门窗的模型制作地面，并赋予材质。最终效果如下图所示。

【项目 3：项目小结与拓展训练】

第3章
客厅、餐厅、阳台装饰模型设计

技能点

项目 1：沙发模型的制作
项目 2：茶几模型的制作
项目 3：液晶电视模型的制作
项目 4：电视柜模型的制作
项目 5：隔断模型的制作
项目 6：餐桌椅模型的制作
项目 7：酒柜模型的制作
项目 8：客厅、餐厅和阳台的装饰模型制作

说　明

本章主要通过 8 个项目全面介绍客厅、餐厅和阳台的装饰模型制作的原理、方法及技巧。

教学建议课时数

一般情况下需要 20 课时，其中理论 6 课时，实际操作 14 课时(特殊情况可做相应调整)。

　　现在比较流行的住房格局是餐厅、客厅和阳台都连接在一起作为一个整体，通过各种家具进行分割。为了达到理想的表现效果，要对客厅、餐厅和阳台进行统一效果表现。本章主要介绍客厅、餐厅和阳台模型的制作。

　　客厅、餐厅和阳台的素模效果如下图所示。

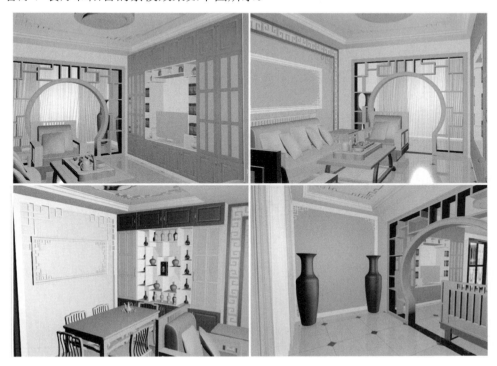

项目 1：沙发模型的制作

一、项目预览

　　项目效果和相关素材位于"第 3 章/项目 1：沙发模型的制作"文件夹中。本项目主要介绍沙发模型制作的方法、技巧及注意事项。

二、项目效果及制作步骤(流程)分析

项目部分效果图：

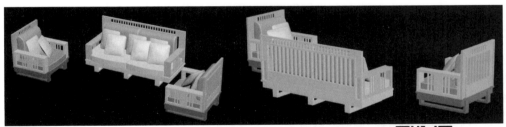

【项目 1：基本概况】

本项目制作流程：

任务一：制作沙发主体模型➡任务二：制作沙发垫模型➡任务三：制作沙发靠背模型➡
任务四：制作沙发抱枕模型➡任务五：制作三人沙发模型

三、项目详细过程

在项目制作过程中需要解决以下几个问题：

(1) 沙发的常用尺寸是多少？

(2) 单人沙发和三人沙发的尺寸分别是多少？

(3) 怎样导入 CAD 图纸？

(4) 怎样使用【挤出】【连接】【涡轮平滑】命令？

沙发模型制作的主要方法是：根据 CAD 图纸，使用二维曲线绘制闭合曲线，将绘制的
闭合曲线转化为三维实体模型，再对三维实体模型进行编辑。

任务一：制作沙发主体模型

在此以制作单人沙发主体模型为例，详细介绍沙发模型制作的原理、方法和技巧。在
制作沙发模型主体之前先阅读 CAD 图纸，了解沙发的尺寸和结构关系，如图 3.1 所示。再
根据 CAD 图纸进行建模，具体操作如下。

提示： 在制作之前，可以使用 CAD 打开配套的沙发 CAD 图纸，详细了解沙发的详细
结构和尺寸。

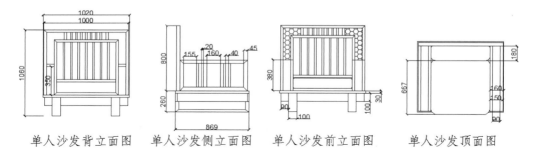

单人沙发背立面图　　单人沙发侧立面图　　单人沙发前立面图　　单人沙发顶面图

图 3.1　单人沙发 CAD 图纸

1. 新建文件和单位设置

步骤 1： 启动 3ds Max 2016 软件并保存为"沙发模型.max"文件。

步骤 2： 单位设置。将单位设置为 mm，具体操作参考前面章节的讲解。

2. 导入沙发的 CAD 参考视图

步骤 1： 导入 CAD 图纸。单击 ⬛→⬛→⬛(导入)图标，弹出【选择要导入的文件】
对话框，在该对话框中选择需要导入的 CAD 文件，在此选择"沙发背立面图.dwg"文件，
单击 打开(0) 按钮弹出【Aoto CAD DWG/DXF 导入选项】对话框，此对话框采用默认设置，单
击 确定 按钮即可将选择的 CAD 图纸导入到场景中。

【任务一：制作沙发主体模型】

步骤 2：使用 ⟳(选择并旋转)工具结合 ⟐(角度捕捉)按钮，对导入的图纸进行 90°旋转。最终效果如图 3.2 所示。

步骤 3：方法同上。将沙发的前立面图、侧立面图、平面图导入到场景中并进行旋转和位置调节。最终效果如图 3.3 所示。

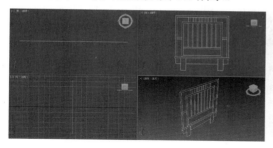

图 3.2　导入并旋转之后的 CAD 图纸

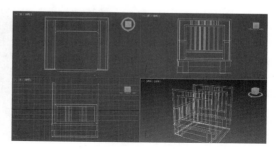

图 3.3　导入的各种图纸

提示：在制作过程中，沙发的正立面和背立面可以根据制作需要进行隐藏和显示操作。

3．制作沙发靠背

步骤 1：绘制闭合曲线。打开捕捉开关，在【创建命令】面板中单击 ◨(图形)→■线■按钮，在【前视图】中绘制如图 3.4 所示的闭合曲线。

步骤 2：方法同上，继续绘制闭合曲线，绘制的闭合曲线如图 3.5 所示。

图 3.4　绘制的闭合曲线一

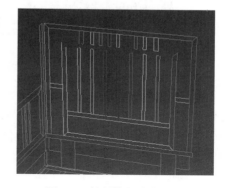

图 3.5　绘制的闭合曲线二

步骤 3：给绘制的闭合曲线添加【挤出】命令。选择一条闭合曲线，在【修改】浮动面板中选择 ■修改器列表■→【挤出】命令。具体参数设置如图 3.6 所示。挤出效果如图 3.7 所示。

步骤 4：方法同上，依次对绘制的闭合曲线进行挤出，最终效果如图 3.8 所示。

步骤 5：方法同上，再绘制 4 条闭合曲线，添加【挤出】命令，挤出量为 20mm，前对齐，效果如图 3.9 所示。

图 3.6 挤出参数

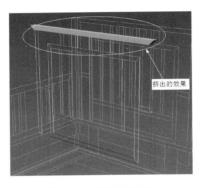

图 3.7 挤出的效果

靠背框选的部分挤出数量为:20mm,其余的部分挤出量为:40mm

图 3.8 最终挤出效果

步骤 6：转换为可编辑多边形。任意选中一个挤出对象，单击鼠标右键，在弹出的快捷菜单中选择 转换为 → 转换为可编辑多边形 命令即可将选中的对象转换为可编辑多边形。

步骤 7：对挤出对象进行附加操作。选择转换为可编辑多边形的对象，在【修改】浮动面板中单击 附加 按钮，在场景中依次单击需要附加的对象，将附加完之后的对象命名为"沙发靠背"，最终效果如图 3.10 所示。

沙发正面　　沙发背面

图 3.9 挤出效果

图 3.10 附加之后的效果

4．制作沙发侧面

沙发侧面的制作方法同沙发靠背制作方法完全相同。对绘制的闭合曲线进行挤出，将挤出对象转换为可编辑多边形并对其他挤出对象进行附加操作。具体操作步骤如下。

步骤 1：绘制闭合曲线。打开捕捉开关，在【创建命令】面板中单击 ◙(图形)→ 线 按钮，在【左视图】中绘制如图 3.11 所示的闭合曲线。

步骤 2：给绘制的闭合曲线添加【挤出】命令。最终挤出效果如图 3.12 所示。

步骤 3：将挤出的对象转换为可编辑对象，并附加成一个对象，将附加的对象命名为"沙发左侧"

步骤 4：使用 M(镜像)命令，对"沙发左侧"进行镜像复制，并命名为"沙发右侧"。最终效果如图 3.13 所示。

5．制作沙发底座

沙发底座的制作方法与前面沙发靠背的制作方法完全相同，具体操作步骤如下。

步骤 1：绘制闭合曲线。打开捕捉开关，在【创建命令】面板中单击 ◙(图形)→ 线 按钮，在【顶视图】中绘制如图 3.14 所示的闭合曲线。

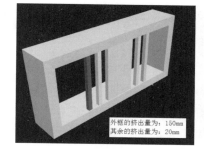

外框的挤出量为：150mm
其余的挤出量为：20mm

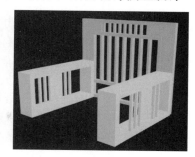

图 3.11 绘制的闭合曲线　　　　图 3.12 挤出的沙发左侧　　　　图 3.13 镜像出的沙发右侧

步骤 2：给绘制的闭合曲线添加【挤出】命令，挤出量为 30mm。

步骤 3：绘制如图 3.15 所示的闭合曲线。给绘制的闭合曲线添加【挤出】命令，挤出量为 100mm，并对挤出的对象复制一份，调节好位置，最终效果如图 3.16 所示。

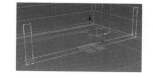

图 3.14 绘制的闭合曲线　　　　图 3.15 绘制的闭合曲线　　　　图 3.16 挤出并复制的效果

步骤 4：继续绘制如图 3.17 所示的两条闭合曲线。

步骤 5：给绘制的闭合曲线添加【挤出】命令，挤出量为 20mm，对挤出的对象进行复制，并调节好位置，最终效果如图 3.18 所示。

步骤 6：将沙发底座中挤出的任意一个对象转换为可编辑多边形，再将其他对象附加成一个对象，将附加完之后的对象命名为"沙发底座"，如图 3.19 所示。

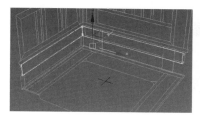

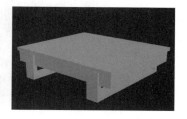

图 3.17 绘制的两条闭合曲线　　　　图 3.18 挤出并复制的对象　　　　图 3.19 沙发底座效果

步骤 7：进行群组操作。在场景中选择"沙发靠背""沙发左侧""沙发右侧""沙发底座"，在菜单栏中选择 组(G) → 组(G)... 命令，弹出【组】对话框，在该对话框中输入"单人沙发"，如图 3.20 所示。单击 确定 按钮完成组操作。最终效果如图 3.21 所示。

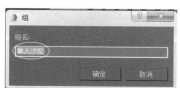

图 3.20 【组】对话框参数设置　　　　图 3.21 单人沙发的前后效果

视频播放："任务一：制作沙发主体模型"的详细介绍，请观看"任务一：制作沙发主体模型.mp4"视频文件。

任务二：制作沙发垫模型

沙发垫模型的制作原理是对绘制的二维闭合曲线进行挤出，将挤出的三维对象转换为可编辑多边形。根据实际要求对可编辑模型进行编辑和添加"涡轮平滑"命令，对可编辑多边形进行平滑处理。具体操作方法如下。

1. 绘制二维闭合曲线并挤出三维模型

步骤 1：绘制闭合曲线。在浮动面板中单击█(创建)→█(图形)→██████按钮，在【顶视图】中绘制如图 3.22 所示的闭合曲线并命名为"沙发坐垫"。

步骤 2：给绘制的闭合曲线【挤出】命令，挤出的"数量"参数设置为 150mm。挤出效果如图 3.23 所示。

步骤 3：将挤出的"沙发坐垫"转换为可编辑多边形。将鼠标移到挤出的对象上，单击鼠标右键，弹出快捷菜单。在弹出的快捷菜单中选择【转换为】→【转换为可编辑多边形】命令即可。

步骤 4：对点进行连接。按键盘上的数字键"1"进入"沙发坐垫"的点编辑层级，选择如图 3.24 所示的两个点。

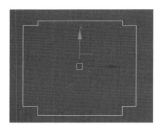

图 3.22　绘制的闭合曲线

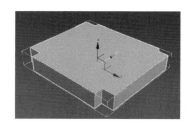

图 3.23　挤出效果

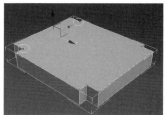

图 3.24　选择的点

步骤 5：在浮动面板中单击【连接】按钮即可将选择的两个点进行连接，最终效果如图 3.25 所示。

步骤 6：方法同上，对其他的点进行连接。连接的最终效果如图 3.26 所示。

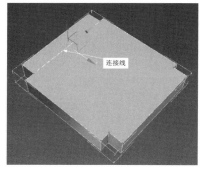

图 3.25　连接之后的效果

图 3.26　对其他点进行连接的效果

【任务二：制作沙发垫模型】

2. 对边进行连接并添加涡轮平滑命令

步骤 1：连接边。按键盘上的"2"键，进入██(边)编辑模式，选择需要连接的边，如图 3.27 所示。单击【连接】▣(设置)按钮弹出动态参数设置框，具体设置如图 3.28 所示。单击☑按钮完成连接，效果如图 3.29 所示。

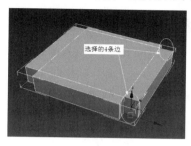

图 3.27　选择的边

图 3.28　连接参数

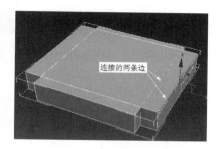

图 3.29　连接之后的效果

步骤 2：方法同上，继续对边进行连接。连接之后的最终效果如图 3.30 所示。

步骤 3：按键盘上的"1"键，进入点编辑模式，调节中间点的位置，如图 3.31 所示。

步骤 4：添加【涡轮平滑】修改命令。在浮动面板中选择▨(修改)→▨██████弹出下拉菜单，在弹出的下拉菜单中选择【涡轮平滑】命令即可。【涡轮平滑】命令参数设置如图 3.32 所示。

图 3.30　最终连接效果

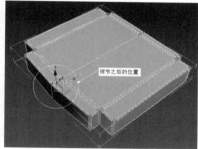

图 3.31　调节中间点的位置

图 3.32　【涡轮平滑】命令
参数设置

步骤 5：将"沙发垫"模型转换为可编辑多边形。将鼠标移到"沙发垫"模型上单击鼠标右键，弹出快捷菜单。在弹出的快捷菜单中选择【转换为】→【转换为可编辑多边形】命令即可。效果如图 3.33 所示。

3. 利用边创建图形

步骤 1：进入"沙发垫"模型的边编辑模式。选择如图 3.34 所示两条循环边。

步骤 2：在浮动面板中单击 利用所选内容创建图形 按钮，弹出【创建图形】对话框，具体设置如图 3.35 所示。

步骤 3：单击 确定 按钮，即可创建两个闭合的循环图形。

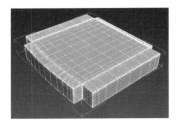

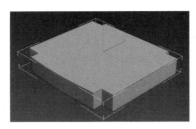

图 3.33　转换为可编辑多边形之　　图 3.34　选择的两条循环边　　图 3.35　【创建图形】对话框参
　　　　　后的效果　　　　　　　　　　　　　　　　　　　　　　　　　数设置

步骤 4： 选择创建的图形，在浮动面板中设置渲染参数，具体设置如图 3.36 所示。最终效果如图 3.37 所示。退出孤立模式，最终效果如图 3.38 所示。

图 3.36　图形参数设置　　　图 3.37　设置渲染参数之后的效果　　　图 3.38　退出孤立之后的整体效果

视频播放： "任务二：制作沙发垫模型"的详细介绍，请观看"任务二：制作沙发垫模型.mp4"视频文件。

任务三：制作沙发靠背模型

沙发靠背模型的制作原理是创建一个基本几何体，将基本几何体转换为可编辑多边形，对可编辑多边形添加【涡轮平滑】命令，再转换为可编辑多边形，最后利用边创建图形。具体操作步骤如下。

1. 创建基本几何体并根据要求进行编辑

步骤 1： 创建一个长方形基本体。在浮动面板中单击■(创建)→◘(几何体)→ 长方体 按钮，在【顶视图】中绘制一个长方体并命名为"沙发靠背"，如图 3.39 所示。

步骤 2： 将"沙发靠背"转换为可编辑多边形。将鼠标移到"沙发靠背"的对象上，单击鼠标右键，弹出快捷菜单，在弹出的快捷菜单中选择【转换为】→【转换为可编辑多边形】命令即可。

步骤 3： 对边进行连接。按键盘上的"2"键，进入"边"编辑模式。选择需要连接的边，单击【连接】右边的■(设置)按钮，弹出【连接边】设置对话框，具体设置和效果如图 3.40 所示，单击☑按钮完成连接。

步骤 4： 按以上方法继续连接边，最终效果如图 3.41 所示。

步骤 5： 调节点。按键盘上的"1"键进入点编辑模式，对点进行调节，调节点之后的效果如图 3.42 所示。

90

【任务三：制作沙发靠背模型】

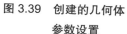

图 3.39　创建的几何体
参数设置

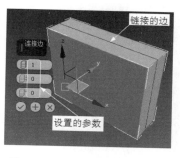

图 3.40　参数设置和连接的边

图 3.41　连接边之后的效果

步骤 6：给调节点之后的"沙发靠背"添加一个【涡轮平滑】命令，具体参数设置如图 3.43 所示，效果如图 3.44 所示。

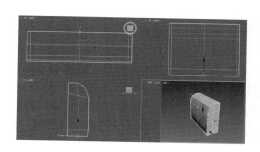

图 3.42　调节点之后的效果

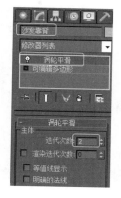

图 3.43　【涡轮平滑】
命令参数设置

图 3.44　添加【涡轮平滑】
命令之后的效果

2．制作沙发靠背的收边线

步骤 1：将"沙发靠背"再次转换为可编辑多边形。将鼠标移到"沙发靠背"的对象上，单击鼠标右键，弹出快捷菜单，在弹出的快捷菜单中选择【转换为】→【转换为可编辑多边形】命令即可。

步骤 2：创建图形。按键盘上的"2"键，进入"沙发靠背"的边编辑模式。选择如图 3.45 所示的两条循环边。

步骤 3：在【修改】浮动面板中单击【利用所选内容创建图形】按钮，弹出【创建图形】对话框，具体设置如图 3.46 所示。单击【确定】按钮完成图形的创建。

步骤 4：确保刚创建的图形被选中，设置【渲染】参数，具体设置如图 3.47 所示。最终效果如图 3.48 所示。

步骤 5：选择"沙发靠背"和"沙发靠背收边线"将其组合成一个组，组名为"沙发靠背"。最终效果如图 3.49 所示。

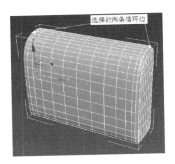

图 3.45　选择的两条循环边

图 3.48　设置【渲染】参数之后的效果

图 3.46　【创建图形】对话框

图 3.47　创建图形的
渲染参数

图 3.49　沙发的最终效果

> **视频播放**："任务三：制作沙发靠背模型"的详细介绍，请观看"任务三：制作沙发靠背模型.mp4"视频文件。

任务四：制作沙发抱枕模型

抱枕模型制作的原理是：创建基本几何体，将基本几何体转换为可编辑多边形，调节可编辑多边形的形态使其与抱枕形态基本一致，添加【涡轮平滑】命令，再转换为可编辑多边形。创建抱枕的收边线图形并设置收边线的渲染参数。具体操作步骤如下。

1. 创建抱枕的基本形态

步骤 1：创建基本几何体。在浮动面板中单击■(创建)→■(几何体)→ 长方体 按钮，在【顶视图】中绘制一个长方体命名为"抱枕"，参数设置和效果如图 3.50 所示。

步骤 2：将"抱枕"转换为可编辑多边形。将鼠标移到"抱枕"对象上，单击鼠标右键，弹出快捷菜单，在弹出的快捷菜单中选择【转换为】→【转换为可编辑多边形】命令即可。

步骤 3：连接边。具体操作请参考前面连接边的详细介绍。连接边之后的效果如图 3.51 所示。

步骤 4：调节顶点。按键盘上的"1"键进入顶点编辑模式。在浮动面板中设置【软选择】参数，具体设置如图 3.52 所示。

步骤 5：缩放顶点。在【顶视图】中选择中间两行顶点，进行缩放操作。缩放操作之后的效果如图 3.53 所示。

【任务四：制作沙发抱枕模型】

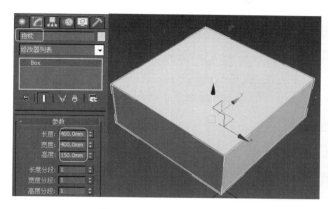

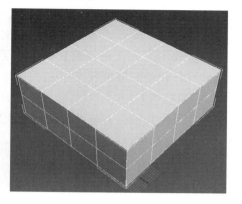

图 3.50　参数设置与效果

图 3.51　连接边之后的效果

步骤 6：在浮动面板中设置【软选择】参数，具体设置如图 3.54 所示。在【顶视图】中选择最外围的顶点，进行缩放操作。缩放操作之后的效果如图 3.55 所示。

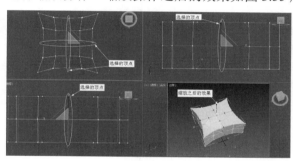

图 3.52　【软选择】参数

图 3.53　缩放操作之后的效果

图 3.54　【软选择】参数设置

步骤 7：给"抱枕"添加【涡轮平滑】命令。"迭代次数"参数设置为 2。效果如图 3.56 所示。

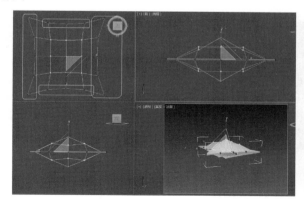

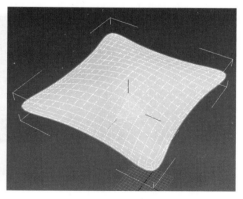

图 3.55　缩放操作之后效果

图 3.56　添加【涡轮平滑】命令后效果

步骤 8：将"抱枕"模型再次转换为可编辑多边形。

步骤9： 在浮动面板中单击"绘制变形"参数下的【推/拉】按钮，设置"绘制变形"的参数，具体设置如图 3.57 所示。

步骤10： 在【透视图】中将鼠标移到"抱枕"需要"推/拉"的表面上，按住鼠标左键不放进行移动即可进行"推/拉"操作。操作完毕之后松开鼠标左键，继续对其他需要"推/拉"操作的地方进行"推/拉"操作。达到要求之后单击"绘图变形"参数中的【提交】按钮，完成推拉操作。最终效果如图 3.58 所示。

2. 利用所选边创建图形

步骤1： 选择循环边。单选"抱枕"，按键盘上的"2"键进入边编辑模式。选择如图 3.59 所示循环边。

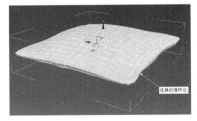

图 3.57　"绘制变形"参数设置　　图 3.58　进行推/拉操作之后的　　图 3.59　选择的循环边
　　　　　　　　　　　　　　　　　　　　　　　效果

步骤2： 创建"抱枕"的收边。在浮动面板中单击【利用所选内容创建图形】按钮，弹出【创建图形】对话框，具体设置如图 3.60 所示，单击【确定】按钮即可。

步骤3： 设置创建图形的渲染参数。选择创建的图形在浮动面板中设置渲染参数，具体设置如图 3.61 所示，最终效果如图 3.62 所示

图 3.60　【创建图形】对话框　　图 3.61　渲染参数设置　　图 3.62　抱枕的最终效果

步骤4： 选择"抱枕"和"抱枕收边"模型，将其成组，组名为"抱枕"。

步骤5： 对"抱枕"进行复制，并进行移动、旋转操作，显示沙发其他对象。效果如图 3.63 所示。

图 3.63　沙发最终效果

任务五：制作三人沙发模型

三人沙发模型的制作原理、方法和技巧与单人沙发的制作原理、方法和技巧完全相同，在这里就不再详细介绍。具体制作方法读者可以参考配套的教学视频。

制作三人沙发模型的 CAD 图纸如图 3.64 所示。

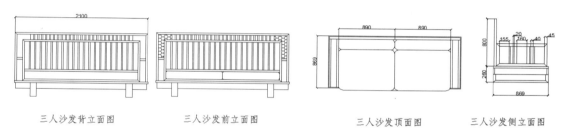

三人沙发背立面图　　　　三人沙发前立面图　　　　三人沙发顶面图　　　　三人沙发侧立面图

图 3.64　三人沙发 CAD 图纸

制作完成之后的三人沙发三维效果图如图 3.65 所示。

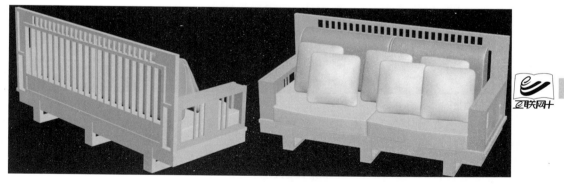

图 3.65　制作完成之后的三维效果图

视频播放："任务五：制作三人沙发模型"的详细介绍，请观看"任务五：制作三人沙发模型.mp4"视频文件。

【任务五：制作三人沙发模型】

四、项目小结

本项目主要介绍了根据 CAD 图纸制作沙发模型和抱枕模型的方法与技巧,重点要求掌握 3ds Max 2016 中【挤出】【连接】【涡轮平滑】命令的作用和使用方法及 CAD 文件的导入等知识点。

五、项目拓展训练

根据前面所学知识制作的沙发效果如下。

项目 2：茶几模型的制作

一、项目预览

项目效果和相关素材位于"第 3 章/项目 2：茶几模型的制作"文件夹中。本项目主要介绍茶几模型制作的原理、方法、技巧和注意事项。

二、项目效果及制作步骤(流程)分析

项目部分效果图：

本项目制作流程：

任务一：导入制作茶几的 CAD 图纸➡任务二：制作茶几立面支架➡任务三：制作茶几隔层➡任务四：制作茶几顶面。

三、项目详细过程

在项目制作过程中需要解决以下几个问题：

(1) 茶几的常用尺寸是多少？

(2) 制作茶几的原理是什么？

(3) 在茶几模型制作过程中需要注意哪些事项？

【项目 1：小结与拓展训练】　　【项目 2：基本概况】

茶几模型制作主要方法是：根据 CAD 图纸，使用二维曲线绘制闭合曲线，将绘制的闭合曲线转化为三维实体模型，再对三维实体模型进行编辑即可。

任务一：导入制作茶几的 CAD 图纸

将如图 3.66 所示的 CAD 图纸导入到场景中，再使用▣(移动)、◑(旋转)和▣(角度捕捉切换)工具对导入的 CAD 图纸进行移动、捕捉和旋转等操作。

茶几顶层平面图

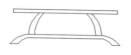
茶几正立面图

茶几侧立面图

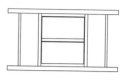
茶几隔层平面图

图 3.66　茶几的各个视图的 CAD 图纸

调节好方向和位置的 CAD 图纸如图 3.67 所示。

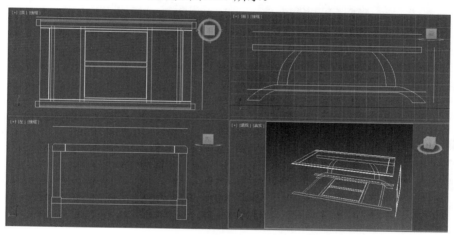

图 3.67　调节好方向和位置的 CAD 图纸

视频播放："任务一：导入制作茶几的 CAD 图纸"的详细介绍，请观看"任务一：导入制作茶几的 CAD 图纸.mp4"视频文件。

任务二：制作茶几立面支架

立面支架的制作方法是绘制闭合曲线，将闭合曲线挤出为三维模型，将三维模型转换为可编辑多边形，再将可编辑多边形进行切角处理。

步骤 1：绘制闭合曲线。在浮动面板中单击▣(创建)→▣(图形)→▣按钮，在【前视图】中绘制如图 3.68 所示的闭合曲线。

【任务一：导入制作茶几的 CAD 图纸】　　　【任务二：制作茶几立面支架】

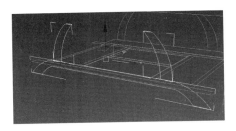

图 3.68　绘制的闭合曲线

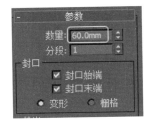

图 3.69　【挤出】命令参数

步骤 2：给闭合曲线添加【挤出】命令。选择需要挤出的闭合曲线，在浮动面板中单击▣(修改)→ [修改器列表] 下拉列表框，弹出下拉菜单，在弹出的下拉菜单中选择【挤出】命令，设置【挤出】命令的挤出"数量"参数为 60mm，如图 3.69 所示。效果如图 3.70 所示。

步骤 3：方法同上，给其他两条闭合曲线添加【挤出】命令，【挤出】命令的挤出"数量"参数为 50mm。效果如图 3.71 所示。

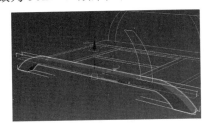

图 3.70　挤出的最终效果

图 3.71　挤出之后的效果

步骤 4：将挤出对象转换为可编辑多边形。将鼠标移到挤出的对象上，单击鼠标右键弹出快捷菜单，在弹出的快捷菜单中选择 转换为 → 转换为可编辑多边形 命令即可。

步骤 5：附加挤出对象。选择转换为可编辑多边形的对象，在浮动面板中单击 附加 按钮，在【透视】图中依次单击其他两个挤出对象，即可将其附加为一个对象。

步骤 6：对边进行切角处理。按键盘上的"2"键，进入可编辑多边形的"边"编辑模式，选择如图 3.72 所示的边。在浮动面板中单击 切角 右边的▣(设置)按钮，弹出参数设置浮动对话框，具体参数设置和效果如图 3.73 所示。单击☑按钮完成切角处理。

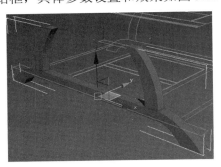

图 3.72　选择的边

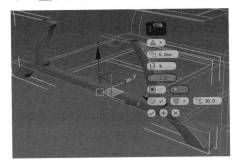

图 3.73　切角参数和切角效果

步骤 7：将切角之后的对象命名为"茶几立面支架 01"。将"茶几立面支架 01"复制一份并命名为"茶几立面支架 02",调节好位置,最终效果如图 3.74 所示。

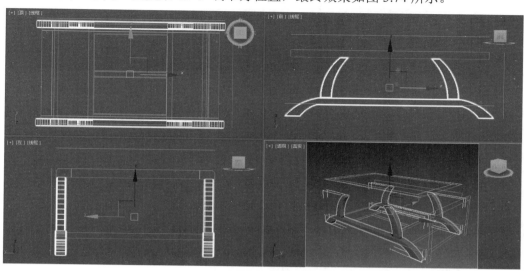

图 3.74　复制并调节好位置的效果

视频播放:"任务二:制作茶几立面支架"的详细介绍,请观看"任务二:制作茶几立面支架.mp4"视频文件。

任务三:制作茶几隔层

茶几隔层的制作方法是创建基本几何体,将基本几何体转换为可编辑多边形,再根据参考图进行编辑即可。

步骤 1:绘制两个圆柱体。在浮动面板中单击 ▓(创建)→◙(几何体)→ 圆柱体 按钮,在场景中创建两个圆柱体,圆柱体的具体参数设置如图 3.75 所示。

步骤 2:调节好位置,如图 3.76 所示。

图 3.75　圆柱体的参数设置

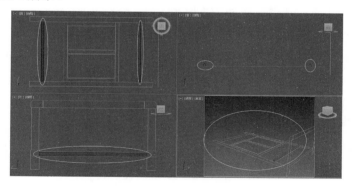

图 3.76　绘制的两个圆柱体

步骤 3:绘制立方体。在浮动面板中单击 ▓(创建)→◙(几何体)→ 长方体 按钮,在场景中绘制一个立方体,具体参数设置如图 3.77 所示。

【任务三:制作茶几隔层】

步骤4：调节好位置，如图 3.78 所示。利用前面所学知识，将创建的立方体转换为可编辑多边形。

图 3.77　立方体参数设置

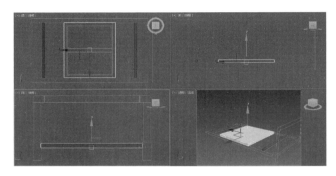

图 3.78　调节好位置的立方体

步骤5：连接边。按键盘上的"2"键进入可编辑多边形的边编辑模式。选择需要连接的边，如图 3.79 所示。单击 连接 右边的 ■(设置)按钮弹出参数设置浮动面板。具体参数设置和效果如图 3.80 所示。单击 ✓ 按钮完成连接。

图 3.79　选择的边

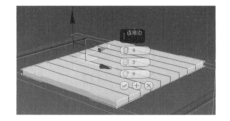

图 3.80　参数设置和连接的效果

步骤6：方法同上，继续连接边，最终连接之后的效果如图 3.81 所示。

步骤7：调节点。按键盘上的"1"键，进入顶点编辑模式。在【顶视图】中调节顶点的位置。最终效果如图 3.82 所示。

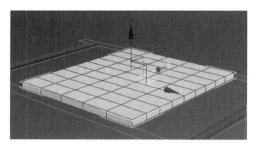

图 3.81　连接边之后的效果

图 3.82　调节顶点之后的效果

步骤8：对面进行挤出。按键盘上的"4"键，进入"多边形"编辑模式。选择如图 3.83 所示的多边形面。

步骤9：单击浮动面板中 挤出 右边的 ■(设置)按钮，弹出参数设置浮动面板。具体参数设置和效果如图 3.84 所示。单击 ✓ 按钮完成连接，完成挤出操作。

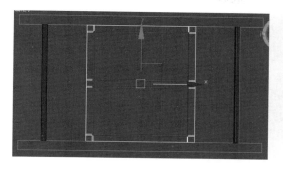

图 3.83　选择的多边形面

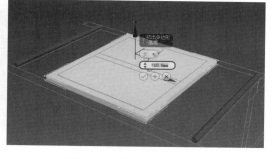

图 3.84　挤出参数和效果

步骤 10： 将两个圆柱体和转换为可编辑多边形之后的立方体附加为一个对象，并命名为"茶几隔层"。

视频播放："任务三：制作茶几隔层"的详细介绍，请观看"任务三：制作茶几隔层.mp4"视频文件。

任务四：制作茶几顶面

茶几顶面的制作与茶几隔层的制作方法基本相同，具体操作方法如下。

步骤 1： 创建立方体。在浮动面板中单击 ■(创建)→ ■(几何体)→ 长方体 按钮，在场景中绘制一个立方体，具体参数设置如图 3.85 所示。

步骤 2： 将立方体转换为可编辑多边形，并命名为"茶几顶面"。利用前面所学知识对边进行连接，连接的边如图 3.86 所示。

步骤 3： 调节点。按键盘上的"1"键，进入顶点编辑模式。在【顶视图】中调节顶点的位置。最终效果如图 3.87 所示。

图 3.85　立方体参数
　　　　　设置

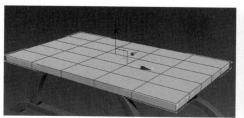

图 3.86　连接的边

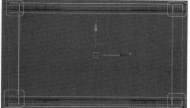

图 3.87　调节之后的顶点

步骤 4： 对面进行挤出。按键盘上的"4"键，进入"多边形"编辑模式。选择如图 3.88 所示的多边形面。

步骤 5： 单击浮动面板中 挤出 右边的 ■(设置)按钮弹出参数设置浮动面板。具体参数设置和效果如图 3.89 所示。单击 ✓ 按钮完成挤出操作。

101

【任务四：制作茶几顶面】

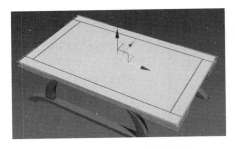

图 3.88　选择需要挤出的面

图 3.89　挤出参数和挤出效果

步骤 6：对边进行切角处理。按键盘上的"2"键，进入"边"编辑模式。选择如图 3.90 所示的两条边。

步骤 7：在浮动面板中单击 切角 右边的 ■(设置)按钮，弹出参数设置活动对话框，具体参数设置和效果如图 3.91 所示。单击 ✓ 按钮完成切角处理。

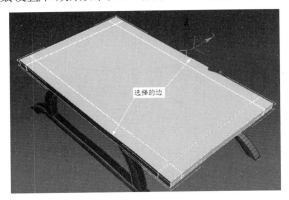

图 3.90　选择的边

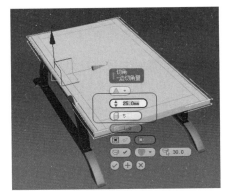

图 3.91　切角参数和切角之后的效果

步骤 8：将"茶几顶面""茶几隔层""茶几支架"成一个组，组名为"茶几模型"。

视频播放："任务四：制作茶几顶面"的详细介绍，请观看"任务四：制作茶几顶面.mp4"视频文件。

四、项目小结

本项目主要介绍了根据 CAD 图纸制作茶几模型的方法和技巧，重点要求掌握可编辑多边形中的【挤出】【连接】【切角】命令的作用和使用方法，以及 CAD 文件的导入方法等知识点。

五、项目拓展训练

根据前面所学知识制作如下图所示的茶几效果。

【项目 2：小结与拓展训练】

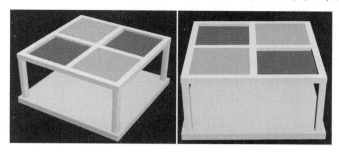

项目 3：液晶电视模型的制作

一、项目预览

项目效果和相关素材位于"第 3 章/项目 3：液晶电视模型的制作"文件夹中。本项目主要介绍液晶电视模型制作的原理、方法、技巧和注意事项。

二、项目效果及制作步骤(流程)分析

项目部分效果图：

本项目制作流程：

任务一：液晶电视的常用尺寸➡任务二：液晶电视屏模型的制作➡任务三：制作液晶电视的底座

三、项目详细过程

在项目制作过程中需要解决以下几个问题：

(1) 液晶电视的常用尺寸有哪些？

(2) 液晶电视制作的原理是什么？

(3) 在液晶电视模型制作过程中需要注意哪些问题？

液晶电视模型制作主要方法是：使用基本几何体和图形工具制作液晶电视的基本型，再使用修改工具进行细节刻画。

任务一：液晶电视的常用尺寸

液晶电视大小是指屏幕的对角线长度，以英寸为单位。主要有 19 英寸、21 英寸、25 英

【项目 3：基本概况】　　　　【任务一：液晶电视的常用尺寸】

寸、32 英寸、37 英寸、40 英寸、42 英寸、43 英寸、46 英寸、47 英寸、50 英寸、55 英寸和 60 英寸等。通常家用液晶电视为 37 寸至 47 寸(1 英寸≈2.54cm),观看距离在 2.5 米至 3.5 米。

电视机的屏幕越大所需要的观看距离就越大,因为人眼睛在不转动的情况下视角是有限的,所以要有合理的距离。合理的距离是指在不转动眼睛和头部的情况下看清楚电视画面的每一个角落。距离不合理的话,会影响人的健康。例如,50 英寸液晶电视如果观看距离在 2 米以内,尤其是观看一些快速的体育赛事,观看 10 分钟以后,就会出现头晕、眼花的现象,更加严重的还会出现呕吐恶心的现象。而我们将 50 英寸液晶电视的观看距离调整到 3 米以外,4 米以内,效果就完全不一样,不仅能保持良好的视觉效果,同时也不会出现头晕眼花的现象。由此,选电视不仅尺寸非常关键,观看距离也非常重要。对于 50 英寸以上液晶电视,一般建议观看距离为电视高度的 3~4 倍。所以选择电视屏幕的尺寸要根据客厅的大小来决定,不能盲目追求大屏幕液晶电视,要根据实际空间大小而定。

视频播放:"任务一:液晶电视的常用尺寸"的详细介绍,请观看"任务一:液晶电视的常用尺寸.mp4"视频文件。

任务二: 液晶电视屏模型的制作

液晶电视屏模型制作的方法是:根据参考图 3.92 所示。使用基本几何体创建液晶电视的基本型,通过修改编辑工具进行细化,再使用文字命令制作文字轮廓,对文字轮廓进行倒角等操作即可。

图 3.92 电视参考图

1. 制作液晶电视屏

步骤 1:创建立方体。单击■(创建)→■(几何体)→长方体按钮,在【前视图】中创建一个立方体并命名为"液晶电视屏",长:1233.2mm、宽:724.2mm、厚:20mm,在【透视图】中效果如图 3.93 所示。

步骤 2:将"液晶电视屏"转换为可编辑多边形。将鼠标移到场景中的"液晶电视屏"对象上,单击鼠标右键弹出快捷菜单,在弹出的快捷菜单中选择【转换为:】→【转换为可编辑多边形】命令即可。

步骤 3:对选择的边进行连接。按键盘上的"2"键进入"边"编辑模式。选择需要连接的边,单击 连接 右边的■按钮,弹出连接的动态参数设置面板,具体参数设置和效果如图 3.94 所示。单击■按钮完成边的连接。

【任务二:液晶电视屏模型的制作】

图 3.93　创建的立方体效果

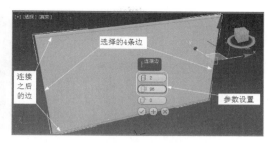

图 3.94　连接参数设置和效果

步骤 4：方法同上，继续连接边，连接之后的最终效果如图 3.95 所示。

步骤 5：对面进行挤出。按键盘上的"4"键，进入"液晶电视屏"的"多边形"编辑模式。选择如图 3.96 所示的面。单击 挤出 右边的 ■ 按钮，弹出挤出的动态参数设置面板，具体参数设置和效果如图 3.97 所示。单击 ☑ 按钮完成面的挤出。

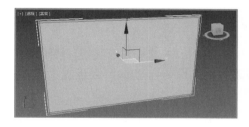

图 3.95　连接之后的最终效果

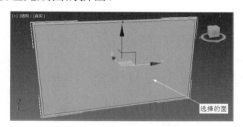

图 3.96　选择的多边形面

步骤 6：对多边形面进行插入处理。选择"液晶电视屏"背面的面，如图 3.98 所示。单击 轮廓 右边的 ■ 按钮，弹出插入的动态参数设置面板，具体参数设置和效果如图 3.99 所示。单击 ☑ 按钮完成面的插入处理。

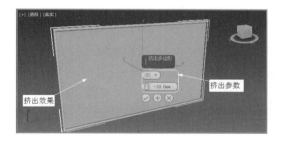

图 3.97　挤出参数设置和效果

图 3.98　选择的多边形面

步骤 7：倒角处理。确保轮廓之后的边被选中，在浮动面板中单击 倒角 右边的 ■ 按钮，弹出倒角的动态参数设置面板，具体参数设置和效果如图 3.100 所示。单击 ☑ 按钮完成面的倒角处理。

步骤 8：对边进行切角处理。选择需要进行切角处理的边。在浮动面板中单击 切角 右边的 ■ 按钮，弹出切角的动态参数设置面板，具体参数设置和效果如图 3.101 所示。单击 ☑ 按钮完成面的切角处理。

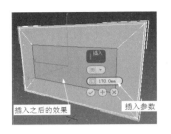 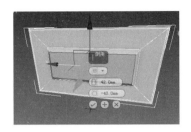 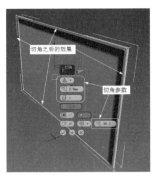

图 3.99　轮廓参数和轮廓之后的效果　　图 3.100　倒角参数和倒角　　图 3.101　切角参数和切角
　　　　　　　　　　　　　　　　　　　　　　　　之后的效果　　　　　　　　之后的效果

2．制作液晶电视的标志

步骤 1：绘制闭合曲线。在浮动面板中单击 ■(创建)→ ■(图形)→ ■■■■线■■■■按钮，绘制如图 3.102 所示的闭合曲线并命名为"标志位"。

步骤 2：添加倒角效果。单选"标志位"闭合曲线。在浮动面板中选择 ■(修改)→
■■修改器列表■■■■▼■→【倒角】命令，即可给闭合曲线添加倒角命令，具体参数设置如图 3.103 所示。效果如图 3.104 所示。

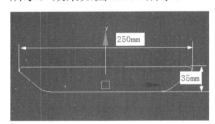  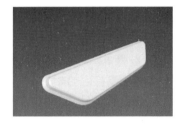

图 3.102　绘制的闭合曲线　　　图 3.103　倒角参数设置　　　图 3.104　倒角效果

步骤 3：输入文字。在浮动面板中单击 ■(创建)→ ■(图形)→ ■■文本■■按钮，在【前视图】中输入"PHILIPS"文字。参数和文字效果如图 3.105 所示。

步骤 4：添加倒角效果。选择输入的文字，在浮动面板中选择 ■(修改)→ ■■修改器列表■■■■▼■→【倒角】命令，即可给输入的文字添加倒角，具体参数设置和效果如图 3.106 所示。

步骤 5：对文字和"标志位"对象进行旋转和移动调节。将文字和"标志位"对象旋转 30°并调节好位置，如图 3.107 所示。

  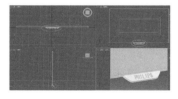

图 3.105　文字参数设置和效果　　图 3.106　文字倒角参数和　　图 3.107　文字和"标志位"
　　　　　　　　　　　　　　　　　　　　　　　　效果　　　　　　　　　　的位置

视频播放："任务二：液晶电视屏模型的制作"的详细介绍，请观看"任务二：液晶电视屏模型的制作.mp4"视频文件。

任务三：制作液晶电视的底座

液晶电视底座模型制作的方法是：绘制闭合曲线，对闭合曲线进行倒角和挤出等操作。

步骤 1： 绘制闭合曲线。在浮动面板中单击■(创建)→■(图形)→■■■线■■按钮，在【顶视图】中绘制如图 3.108 所示的闭合曲线。

步骤 2： 对闭合曲线的顶点进行圆角处理。按键盘上的"1"键，进入闭合曲线的顶点编辑模式。框选所有顶点，如图 3.109 所示。在浮动面板中的■圆角■按钮右边的文本输入框中输入"36"，按"Enter"键即可对选择的顶点进行圆角处理，如图 3.110 所示。

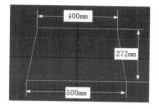

图 3.108　绘制的闭合曲线

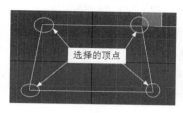

图 3.109　框选的所有顶点

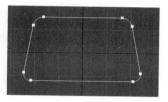

图 3.110　圆角处理之后的效果

步骤 3： 添加倒角命令。选择圆角之后的闭合曲线。在浮动面板中选择■(修改)→■修改器列表■■→【倒角】命令，即可给闭合曲线添加倒角命令，具体参数设置如图 3.111 所示。效果如图 3.112 所示。

步骤 4： 绘制圆柱体。单击■(创建)→■(几何体)→■圆柱体■按钮，在【顶视图】中创建一个圆柱体并命名为"底座支撑杆"，具体参数设置如图 3.113 所示。

图 3.111　倒角参数

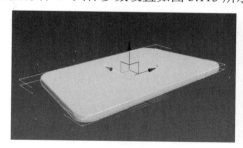

图 3.112　倒角之后的效果

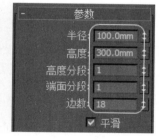

图 3.113　圆柱体参数

步骤 5： 对圆柱体进行缩放操作。选择圆柱体，在工具栏中单击■(选择并均匀缩放)按钮，在【顶视图】中沿 Y 轴进行缩放操作。最终效果如图 3.114 所示。

步骤 6： 将"底座支撑杆"旋转 20°，并转换为可编辑多边形。

步骤 7： 在浮动面板中单击■快速切片■按钮，在【左视图】中切出两条循环边，如图 3.115 所示。

步骤 8： 删除多余的面。按键盘上的"4"键，进入"底座支撑杆"的多边形面编辑模式。选择需要删除的面，按 Delete 键删除多余的面。最终效果如图 3.116 所示。

【任务三：制作液晶电视的底座】

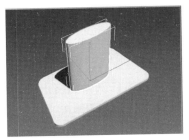

图 3.114　缩放之后的效果

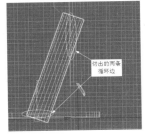

图 3.115　切出的循环边

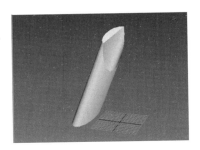

图 3.116　删除多余面之后的效果

步骤9：将所有对象进行成组，组名为"液晶电视"，效果如图 3.117 所示。

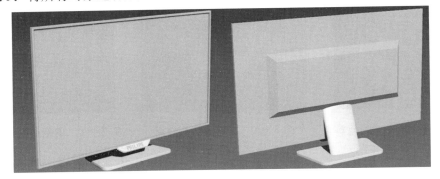

图 3.117　成组之后的液晶电视效果

　　视频播放："任务三：制作液晶电视的底座"的详细介绍，请观看"任务三：制作液晶电视的底座.mp4"视频文件。

四、项目小结

　　本项目主要介绍了根据参考图制作液晶电视模型的原理、方法和技巧。重点掌握【挤出】【圆角】【快速切片】【倒角】命令的作用和使用方法。

五、项目拓展训练

　　根据前面所学知识制作如下图所示的液晶电视效果。

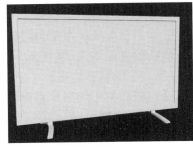

【项目 3：小结与拓展训练】

项目 4：电视柜模型的制作

一、项目预览

项目效果和相关素材位于"第 3 章/项目 4：电视柜模型的制作"文件夹中。本项目主要介绍电视柜模型制作的方法、技巧和原理。

二、项目效果及制作步骤(流程)分析

项目部分效果图：

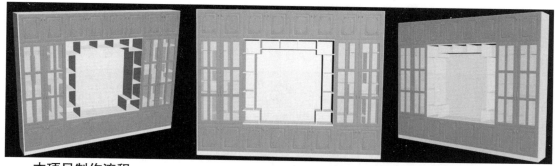

本项目制作流程：

任务一：导入 CAD 图纸➡任务二：制作电视柜主体部分➡任务三：制作电视柜门的模型

三、项目详细过程

在项目制作过程中需要解决以下几个问题：

(1) 怎样根据 CAD 图纸制作三维模型？

(2) 电视柜模型门的制作方法。

(3) 电视柜门拉手制作的方法。

(4) 怎样使用【剖面倒角】和【布尔】命令？

电视柜模型制作的方法是，根据 CAD 图纸制作电视柜模型的主体，使用【剖面倒角】等修改命令制作门和拉手模型。

任务一：导入 CAD 图纸

电视柜立面装饰图及整理之后的 CAD 图纸如图 3.118 所示。

提示： 电视柜立面装饰图及整理之后的 CAD 图纸在配套素材中，读者可以使用 AutoCAD 2014 以上版本的软件打开图纸，以便了解图纸的细节。

【项目 4：基本概况】　　　【任务一：导入 CAD 图纸】

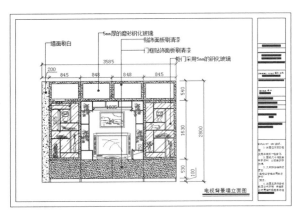 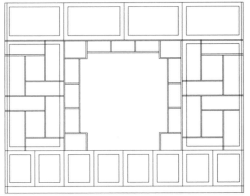

图 3.118　电视柜立面装饰图及整理之后的 CAD 图纸

导入 CAD 图纸的具体操作在这里就不再赘述,请读者参考项目 1 中的详细介绍。导入的图纸效果如图 3.119 所示。将导入的 CAD 图纸进行冻结处理,方便后面绘制闭合曲线。

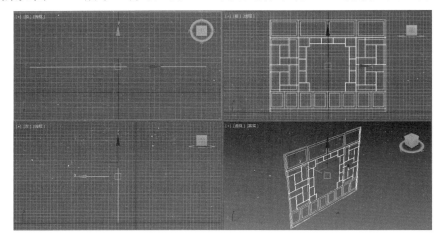

图 3.119　导入的 CAD 图纸

视频播放: "任务一:导入 CAD 图纸"的详细介绍,请观看"任务一:导入 CAD 图纸.mp4"视频文件。

任务二:制作电视柜主体部分

电视柜主体部分制作比较简单。主要通过【线】命令绘制闭合曲线及对闭合曲线进行挤出并转换为可编辑多边形,再使用相关修改命令进行处理即可。

步骤 1: 根据 CAD 图纸绘制闭合曲线。在浮动面板中单击■(创建)→■(修改)→■■■■线■■■■按钮,在【前视图】中绘制闭合曲线。绘制的闭合曲线如图 3.120 所示。

步骤 2: 选择所有绘制的闭合曲线,添加【挤出】命令。【挤出】命令的"数量"为 400mm。具体参数设置如图 3.121 所示,挤出的效果如图 3.122 所示。

【任务二:制作电视柜主体部分】

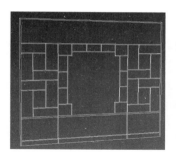

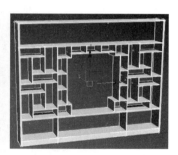

图 3.120　绘制的闭合曲线　　　　图 3.121　挤出参数　　　　图 3.122　挤出的效果

步骤 3： 取消挤出对象的关联。单击浮动面板中的■(使唯一)按钮，弹出【使唯一】对话框，在该对话框中单击 是M 按钮即可。

步骤 4： 绘制电视柜背板。在浮动面板中单击■(创建)→■(几何体)→ 平面 按钮，在【前视图】中绘制一个平面。最终参数设置如图 3.123 所示，效果如图 3.124 所示。

步骤 5： 将挤出对象中的任意一个对象转换为可编辑多边形，将其他挤出对象和绘制的平面附加成一个对象，并命名为"电视柜主体"。效果如图 3.125 所示。

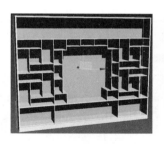

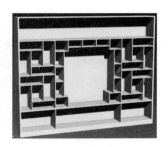

图 3.123　绘制平面的参数设置　　　图 3.124　绘制的平面效果　　　图 3.125　附加之后的效果

视频播放："任务二：制作电视柜主体部分"的详细介绍，请观看"任务二：制作电视柜主体部分.mp4"视频文件。

任务三：制作电视柜门的模型

电视柜模型分为全木门和中间为玻璃的门两种。这两种门的制作方法略有不同。具体操作方法如下。

1. 制作木门

步骤 1： 绘制木门的轮廓闭合曲线。在浮动面板中单击■(创建)→■(修改)→ 线 按钮，在【前视图】中绘制闭合曲线，并命名为"电视柜木门"。绘制的闭合曲线如图 3.126 所示。

步骤 2： 绘制倒角剖面线。效果如图 3.127 所示。

步骤 3： 添加倒角剖面。选择绘制的"电视柜木门"闭合曲线，在浮动面板中选择■(修

111

【任务三：制作电视柜门的模型】

改)→ 修改器列表 ▼ →【倒角剖面】命令，在浮动面板中单击 拾取剖面 按钮，在视图中单击绘制的倒角剖面线，即可得到倒角剖面效果，如图 3.128 所示。

图 3.126　绘制的闭合曲线

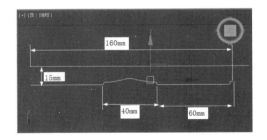
图 3.127　绘制的倒角剖面线

图 3.128　倒角剖面效果

提示：如果添加了【倒角剖面】命令之后，发现倒角的效果比倒角剖面大，可以通过调节浮动面板中【倒角剖面】命令子层级中的 剖面Gizmo 的位置来调节倒角剖面面积大小。

步骤 4：绘制门的中式花纹。在浮动面板中单击 （创建）→ （修改）→ 线 按钮，在【前视图】中绘制闭合曲线，并命名为"木门雕花"，如图 3.129 所示。

步骤 5：设置闭合曲线的渲染属性。选择"木门雕花"闭合曲线。在浮动面板中设置渲染属性，具体参数设置和效果如图 3.130 所示。

步骤 6：将"电视柜木门"和"木门雕花"转换为可编辑多边形。

步骤 7：进行布尔运算。选择"电视柜木门"，在浮动面板中单击 （创建）→ （几何体）→ 标准基本体 ▼ 弹出下拉菜单，在弹出的下拉菜单中选择【复合对象】命令，切换到【复合对象】命令集。单击 布尔 → 拾取操作对象B 按钮，在场景中单击"木门雕花"对象即可完成布尔运算。最终效果如图 3.131 所示。

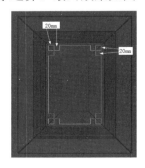
图 3.129　绘制闭合曲线

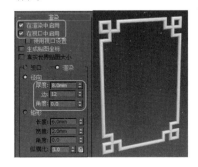
图 3.130　设置渲染参数之后的效果

图 3.131　布尔运算之后的效果

2.　制作木门拉手

木门拉手的制作方式是通过对圆柱体添加【弯曲】修改器，将添加【弯曲】修改器的圆柱体进行弯曲，转换为可编辑多边形对象，再进行顶点调节。

步骤 1：创建圆柱体。在浮动面板中单击 （创建）→ （几何体）→ 圆柱体 按钮，在【顶视图】中创建一个圆柱体，具体参数设置和效果如图 3.132 所示。

步骤 2：添加【弯曲】修改器。选择创建的圆柱体，在浮动面板中单击 (修改)→ 修改器列表 弹出下拉菜单，在弹出的下拉菜单中选择【弯曲】命令即可添加弯曲。具体参数和效果如图 3.133 所示。

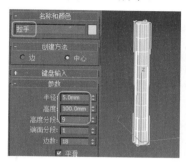

图 3.132 圆柱体参数和效果

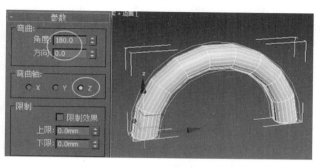

图 3.133 弯曲参数设置和效果

步骤 3：将弯曲的"拉手"转换为可编辑多边形。

步骤 4：进行挤出操作。按键盘上的"4"键，进入多边形面编辑模式，选择需要挤出的面进行挤出，挤出 2mm。连续挤出两次，效果如图 3.134 所示。

步骤 5：缩放操作。按键盘上的"1"键。进入顶点编辑模式，选中"实用软选择"选项。软选择的参数设置如图 3.135 所示。选择顶点进行缩放操作。最终效果如图 3.136 所示。

图 3.134 挤出之后的效果

图 3.135 软选择参数设置

步骤 6：删除底部的面，调节好位置。将门和拉手成组并命名为"木门"。最终效果如图 3.137 所示。

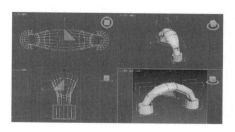

图 3.136 缩放效果

图 3.137 成组之后的木门

3. 制作玻璃门

玻璃门的制作方法是先创建一个平面，将平面转换为可编辑多边形，删除多余的面，将留下的面挤出为三维对象，再将三维对象转换为可编辑多边形，利用可编辑多边形创建图形，对创建的图形进行倒角剖面或扫描即可。

步骤 1：创建一个平面。在浮动面板中单击■(创建)→■(几何体)→`平面`按钮，在【前视图】中绘制一个(长：422mm，宽：1656mm)平面，并命名为"玻璃门"

步骤 2：转换为可编辑多边形并调节点的位置。将"玻璃门"转换为可编辑多边形，连接边并调节边的位置，效果如图 3.138 所示。

步骤 3：挤出面。删除中间不需要的面，并选中留下的面，单击`挤出`右边的■按钮，弹出挤出参数设置浮动面板，具体设置和效果如图 3.139 所示。单击■按钮完成挤出操作。

步骤 4：创建图形。选择挤出图形的边界，如图 3.140 所示。在浮动面板中单击`利用所选内容创建图形`按钮弹出【创建图形】对话框，具体设置如图 3.141 所示。单击`确定`按钮即可创建二维线形图形。

图 3.138 调节边之后的效果

图 3.139 挤出参数和效果

图 3.140 选择的边界

步骤 5：绘制倒角的剖面线。使用`线`命令，绘制如图 3.142 所示的闭合倒角剖面线。

图 3.141 【创建图形】对话框

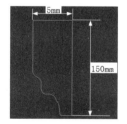
图 3.142 绘制的倒角剖面线

步骤 6：进行倒角剖面。选择前面创建的剖面图形，添加【倒角剖面】命令，在浮动面板中单击`拾取剖面`按钮，在场景中单击绘制好的倒角剖面线即可。效果如图 3.143 所示。

步骤 7：对选择的边进行切角处理。选择的边和切角的参数设置及效果如图 3.144 所示。

步骤 8：附加对象。选择"玻璃门"，在浮动面板中单击 附加 按钮，在场景中单击前面倒角剖面的对象，即可完成附加操作。

步骤 9：制作玻璃。在浮动面板中单击 ■(创建)→■(几何体)→ 平面 按钮，在【前视图】中绘制一个(长：360mm，宽：1600mm)平面并命名为"玻璃"。

步骤 10：将玻璃转换为可编辑多边形并进行挤出，挤出量为"5mm"，给玻璃挤出一定的厚度。调节好位置。如图 3.145 所示。

 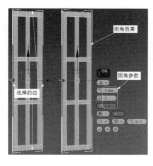 

图 3.143　倒角剖面效果　　　图 3.144　倒角参数和效果　　　图 3.145　挤出厚度的玻璃

步骤 11：将前面制作的"门拉手"复制一份，放置在玻璃门适当的位置，如图 3.146 所示。

步骤 12：将"玻璃""玻璃门""拉手"成组，组名为"玻璃门"。再复制三个玻璃门，调节位置，最终效果如图 3.147 所示。

 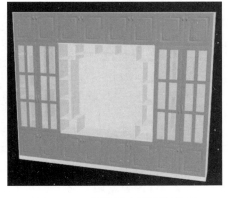

图 3.146　玻璃门拉手的位置　　　图 3.147　最终的电视柜门效果

视频播放："任务三：制作电视柜门的模型"的详细介绍，请观看"任务三：制作电视柜门的模型.mp4"视频文件。

四、项目小结

本项目主要介绍了根据 CAD 图纸制作电视柜模型的原理、方法和技巧。重点掌握【倒角剖面】和【布尔】命令的作用和使用方法。

【项目 4：小结与拓展训练】

五、项目拓展训练

根据前面所学知识制作如下图所示的电视柜模型。

项目 5：隔断模型的制作

一、项目预览

项目效果和相关素材位于"第3章/项目5：隔断模型的制作"文件夹中。本项目主要介绍隔断模型制作的方法、技巧和原理。

二、项目效果及制作步骤(流程)分析

项目部分效果图：

项目部分效果图：

任务一：导入 CAD 图纸➡任务二：制作隔断的外框➡任务三：制作隔断隔板

三、项目详细过程

在项目制作过程中需要解决以下几个问题：

(1) 怎样根据 CAD 图纸制作三维模型？

(2) 隔断模型的制作方法。

(3) 怎样使用【剖面倒角】和【扫描】命令？

隔断模型制作的方法是根据 CAD 图纸绘制二维闭合曲线，将二维闭合曲线转换为三维模型，再使用修改命令进行编辑。

【项目 5：基本概况】

任务一：导入 CAD 图纸

隔断立面装饰 CAD 图纸如图 3.148 所示。

将 CAD 图纸导入 3ds Max 2016 场景中，具体导入的方法请读者参考前面的详细介绍。导入场景中效果如图 3.149 所示。

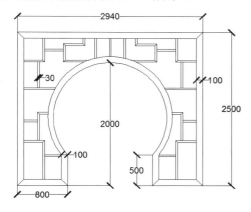

图 3.148　隔断立面装饰 CAD 图纸　　　　　图 3.149　导入的 CAD 图纸

视频播放："任务一：导入 CAD 图纸"的详细介绍，请观看"任务一：导入 CAD 图纸.mp4"视频文件。

任务二：制作隔断的外框

隔断外框的制作方法是根据图纸绘制隔断外框轮廓线和扫描线，使用【扫描】命令进行扫描操作即可。

步骤 1：绘制隔断外轮廓线。在浮动面板中单击 ■(创建)→■(修改)→■■线■■按钮，在【前视图】中绘制闭合曲线，并命名为"隔断外轮廓"。如图 3.150 所示。

步骤 2：绘制扫描线。在【顶视图】中绘制 1 个矩形、4 个圆和 2 段弧，将矩形转换为可编辑样条线并将圆弧和圆附加到转换为可编辑样条线的矩形中，并命名为"扫描线"。如图 3.151 所示。

步骤 3：编辑"扫描线"。按键盘上的"3"键，进入样条线编辑模式。在浮动面板中单击 ■■修剪■■按钮，修剪掉多余的样条线。修剪之后的效果如图 3.152 所示。

图 3.150　绘制隔断轮廓线　　　图 3.151　扫描线　　　图 3.152　修剪之后的效果

步骤 4：焊接顶点。选中需要焊接的顶点，在浮动面板中的 ■■焊接■■ 右边的文本框中输入

【任务一：导入 CAD 图纸】　【任务二：制作隔断的外框】

数值"2"。框选需要焊接的两个顶点单击 焊接 按钮完成焊接，以此类推将两条相连的样条线端点进行焊接处理，最终焊接成一条闭合的扫描线。

步骤 5：进行扫描操作。选择"隔断外轮廓"，给隔断外轮廓添加一个【扫描】命令。在浮动面板中设置【截面类型】为 使用自定义截面 。单击 拾取 按钮，再在【顶视图】中单击"扫描线"，即可得到扫描效果，如图 3.153 所示。

步骤 6：将"隔断外轮廓"转换为可编辑多边形。

视频播放："任务二：制作隔断的外框"的详细介绍，请观看"任务二：制作隔断的外框.mp4"视频文件。

任务三：制作隔断隔板

隔断隔板的制作方法很简单，绘制二维闭合曲线，对闭合曲线进行倒角处理，再转换为可编辑多边形并附加在一起即可。

步骤 1：绘制隔断隔板闭合曲线。在浮动面板中单击■(创建)→■(修改)→ 线 按钮，在【前视图】中绘制闭合曲线。如图 3.154 所示。

 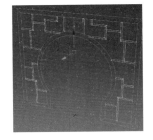

图 3.153　扫描效果　　　图 3.154　绘制的闭合曲线

步骤 2：给闭合曲线添加【挤出】命令。选择所有闭合曲线，添加【挤出】命令，【挤出】命令的参数设置和效果如图 3.155 所示。

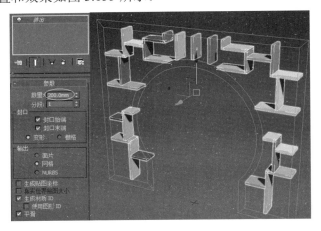

图 3.155　挤出参数和挤出效果

步骤 3：取消挤出对象的关联。单击浮动面板中的■(使唯一)按钮，弹出【使唯一】对

【任务三：制作隔断隔板】

话框，在该对话框中单击███ 是(Y) ███ 按钮即可。

　　步骤 4：附加对象。将挤出对象中的任意一个对象转换为可编辑多边形。按键盘上的"4"键进入多边形编辑模式。在浮动面板中单击███ 附加 ███ 按钮，在场景中依次单击需要附加的挤出对象。附加完毕之后命名为"隔断隔板"。

　　步骤 5：对"隔断隔板"进行切角处理。按键盘上的"2"键进入可编辑多边形的边编辑模式。选择如图 3.156 所示的边。在浮动面板中单击███ 切角 ███ 右边的█(设置)按钮，弹出浮动参数设置面板，具体参数设置和效果如图 3.157 所示。单击█按钮完成切角处理。

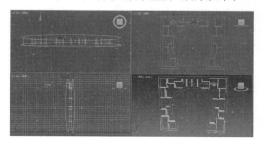

图 3.156　选择需要切角的边　　　　　　图 3.157　参数设置和切角效果

　　步骤 6：成组操作。选择"隔断隔板"和"隔断外轮廓"将其成组，并命名为"隔断"。

　　视频播放："任务三：制作隔断隔板"的详细介绍，请观看"任务三：制作隔断隔板.mp4"视频文件。

四、项目小结

　　本项目主要介绍了根据 CAD 图纸制作隔断模型的原理、方法和技巧。重点掌握【倒角剖面】和【扫描】命令的作用与使用方法。

五、项目拓展训练

　　根据前面所学知识制作如下图所示的隔断模型。

项目 6：餐桌椅模型的制作

一、项目预览

　　项目效果和相关素材位于"第 3 章/项目 6：餐桌椅模型的制作"文件夹中。本项目主要介绍餐桌椅模型制作的方法、技巧和原理。

【项目 5：小结与拓展训练】　　　【项目 6：基本概况】

二、项目效果及制作步骤(流程)分析

项目部分效果图:

本项目制作流程:

任务一:导入餐桌 CAD 图纸➡任务二:制作餐桌模型的支架➡任务三:制作餐桌台面模型➡任务四:导入椅子 CAD 图纸➡任务五:制作椅子面➡任务六:制作椅子腿和横支架➡任务七:制作椅子的靠背

三、项目详细过程

在项目制作过程中需要解决以下几个问题:

(1) 怎样根据 CAD 图纸制作三维模型?

(2) 餐桌椅模型的制作方法。

(3) 怎样灵活使用【剖面倒角】【放样】【FFD4×4×4】命令?

餐桌椅模型的顶面图、侧立面图和正立面图如图 3.158 所示。主要通过【放样】【倒角】【放样】【剖面倒角】相结合来制作餐桌椅模型。

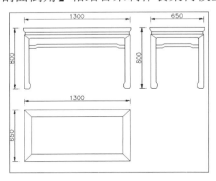
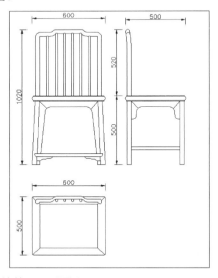

图 3.158　餐桌椅的 CAD 图纸

任务一：导入餐桌 CAD 图纸

在导入餐桌 CAD 图纸之前，先要对 CAD 图纸进行整理，删除多余的文字和标注等信息。并将其定义为块。整理之后的餐桌 CAD 图纸如图 3.159 所示。

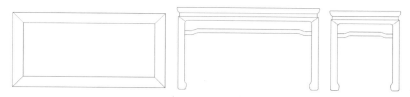

图 3.159 整理之后的餐桌 CAD 图纸

启动 3ds Max 2016，将整理好的 CAD 图纸导入场景中，并调整好位置。具体操作方法请参考前面的详细介绍或配套视频。

视频播放："任务一：导入餐桌 CAD 图纸"的详细介绍，请观看"任务一：导入餐桌 CAD 图纸.mp4"视频文件。

任务二：制作餐桌模型的支架

餐桌模型支架制作的方法是通过放样、挤出、转换为可编辑多边形并进行相应编辑来完成。

1. 制作餐桌腿

步骤 1： 绘制直线和闭合曲线。在浮动面板中单击█(创建)→█(修改)→█████线██按钮。在视图中绘制如图 3.160 所示的一条直线、两条闭合曲线。

步骤 2： 进行放样操作。选择直线，在浮动面板中选择█(创建)→█(几何体)→██标准基本体██▼弹出下拉菜单，在弹出的下拉菜单中选择【复合对象】命令，切换到【复合对象】命令面板，在该面板中单击██放样██按钮，再单击██获取图形██按钮，在场景中单击前面绘制的闭合矩形即可得到放样效果，如图 3.161 所示。

步骤 3： 对放样对象进行拟合操作。选择放样得到的三维对象，切换到修改浮动面板。在浮动面板中单击██拟合██按钮，弹出【拟合边形(X)】对话框，在该对话框中单击██(显示 XY 轴)按钮，再单击██(获取图形)按钮，在场景中单击闭合曲线即可得到如图 3.162 所示的拟合效果并命名为"餐桌腿 01"。

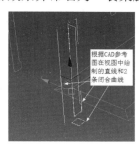

图 3.160 绘制的直线和闭合曲线　　　图 3.161 放样得到的三维对象　　　图 3.162 拟合之后得到的效果

【任务一：导入餐桌 CAD 图纸】　　　　　【任务二：制作餐桌模型的支架】

提示：如果在进行拟合操作之后，没有得到正确的拟合效果。可以通过单击◙(逆时针旋转90°)或◙(顺时针旋转90°)按钮来调节。

步骤4：复制和调节位置。将"餐桌腿01"复制三个，并命名为"餐桌腿02""餐桌腿03""餐桌腿04"。根据CAD参考图调节好位置。效果如图3.163所示。

2. 制作餐桌横支架

步骤1：绘制直线和闭合曲线。在浮动面板中单击◙(创建)→◙(修改)→██线██按钮。在视图中绘制如图3.164所示的闭合曲线。

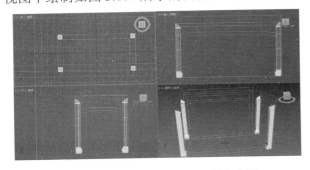

图3.163 复制和调节好位置的餐桌腿

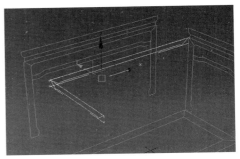

图3.164 绘制的闭合曲线

步骤2：给闭合曲线添加【挤出】命令。挤出的"数量"参数为60mm，并命名为"正横支架01"和"侧横支架01"，如图3.165所示。

步骤3：复制和调节位置操作。分别复制挤出的支架并命名为"正横支架02"和"侧横支架02"，调节位置，效果如图3.166所示。

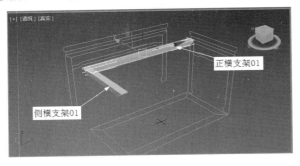

图3.165 挤出的横支架效果

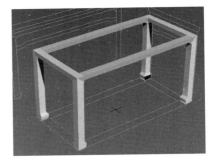

图3.166 复制并调节好位置的横支架

步骤4：方法同上，制作下层横支架，并命名为"正横支架下层01""正横支架下层02""侧横支架下层01"和"侧横支架下层02"，调节好位置，如图3.167所示。

视频播放："任务二：制作餐桌模型的支架"的详细介绍，请观看"任务二：制作餐桌模型的支架.mp4"视频文件。

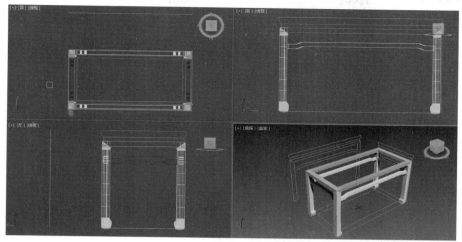

图 3.167　制作好之后的所有横支架

任务三：制作餐桌台面模型

餐桌台面模型的制作方法是根据 CAD 图纸绘制闭合曲线和曲线，使用【倒角剖面】进行倒角剖面操作得到餐桌台面基本大型，再根据参考图进行细化处理。

步骤 1：绘制闭合曲线和曲线。在浮动面板中单击▧（创建）→▧（修改）→ 线 按钮。在视图中绘制如图 3.168 所示的闭合曲线和曲线。

步骤 2：进行倒角剖面操作。选择闭合曲线，在浮动面板中选择▧（修改）→ 修改器列表 ▾ →【倒角剖面】命令即可为闭合曲线添加【倒角剖面】命令。在浮动面板中单击 拾取剖面 按钮，再在场景中单击曲线即可，并命名为"餐桌面"，如图 3.169 所示。

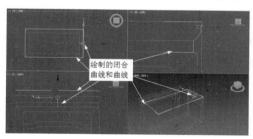

图 3.168　绘制的闭合曲线和曲线

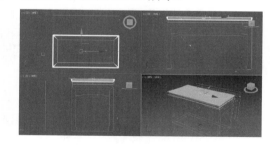

图 3.169　倒角剖面之后的效果

提示：如果添加【倒角剖面】命令之后大小不合适，在浮动面板中单击 剖面 Gizmo 子层级，在视图中移动 Gizmo 坐标位置即可。

步骤 3：将"餐桌面"转换为可编辑多边形。显示所有对象，进行位置调节。组成一个组，组名为"餐桌椅"。最终效果如图 3.170 所示。

视频播放："任务三：制作餐桌台面模型"的详细介绍，请观看"任务三：制作餐桌台面模型.mp4"视频文件。

【任务三：制作餐桌台面模型】

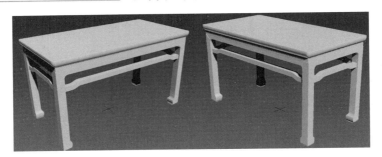

图 3.170　最终的餐桌效果

任务四：导入椅子 CAD 图纸

根据前面所学知识，将椅子的 CAD 图纸导入场景中并调节好位置。具体操作请读者参考前面所学知识。导入的图纸和位置如图 3.171 所示。

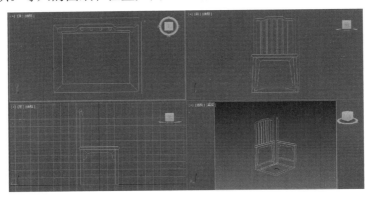

图 3.171　导入的图纸和位置关系

视频播放："任务四：导入椅子 CAD 图纸"的详细介绍，请观看"任务四：导入椅子 CAD 图纸.mp4"视频文件。

任务五：制作椅子面

椅子面模型的制作方法是：根据 CAD 图纸绘制闭合曲线和曲线，使用【倒角剖面】进行倒角剖面操作得到椅子面基本大型，再根据参考图进行细化处理。

步骤 1：绘制闭合曲线和曲线。在浮动面板中单击■(创建)→■(修改)→■■■线■■按钮。在视图中绘制如图 3.172 所示的闭合曲线和曲线。

步骤 2：进行倒角剖面操作。选择闭合曲线，在浮动面板中选择■(修改)→ 修改器列表 ▼→【倒角剖面】命令即可为闭合曲线添加【倒角剖面】命令。在浮动面板中单击■■拾取剖面■按钮，再在场景中单击曲线即可，并命名为"椅子面"，如图 3.173 所示。

步骤 3：将"椅子面"转换为可编辑多边形。

视频播放："任务五：制作椅子面"的详细介绍，请观看"任务五：制作椅子面.mp4"视频文件。

【任务四：导入椅子 CAD 图纸】　　【任务五：制作椅子面】

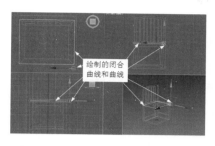

图 3.172　绘制的闭合曲线和曲线

图 3.173　倒角剖面得到的椅子面

任务六：制作椅子腿和横支架

1.　制作椅子腿

椅子腿制作的方法比较简单，主要通过创建一个圆柱体，根据参考图进行适当旋转，将圆柱体转换为可编辑多边形，并对顶点进行缩放操作即可。

步骤 1：创建圆柱体。在浮动面板中单击 (创建)→ (几何体)→ 圆柱体 按钮，在【顶视图】中创建一个圆柱体并命名为"椅子腿 01"。具体参数设置如图 3.174 所示。进行适当旋转。最终效果如图 3.175 所示。

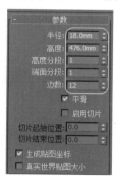

图 3.174　创建圆柱体的参数设置

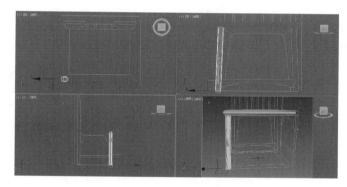

图 3.175　圆柱体的位置

步骤 2：转换为可编辑多边形。选择"椅子腿 01"并单击鼠标右键弹出快捷菜单，在弹出的快捷菜单中选择 转换为 → 转换为可编辑多边形 命令即可。

步骤 3：调节"椅子腿 01"的顶点位置。按键盘上的"1"键，进入顶点编辑模式。选择上端的所有顶点，单击 (选择并均匀缩放)按钮，对"Y"轴进行缩放压缩操作，如图 3.176 所示。

步骤 4：方法同"步骤 3"，继续对底端的顶点进行压缩操作。

步骤 5：复制并调节位置。将"椅子腿 01"复制 3 条，命名为"椅子腿 02""椅子腿 03""椅子腿 04"，调节好位置，最终效果如图 3.177 所示。

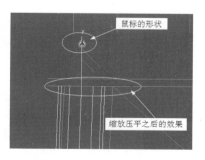

图 3.176　缩放之后的效果

【任务六：制作椅子腿和横支架】

2．制作椅子腿横支架

椅子腿横支架的制作方法是根据 CAD 图纸绘制二维闭合曲线，对闭合曲线进行倒角处理，再转换为可编辑多边形即可。

步骤 1：绘制闭合曲线。在浮动面板中单击■(创建)→■(修改)→■■■线■■■按钮。在视图中绘制如图 3.178 所示的闭合曲线。

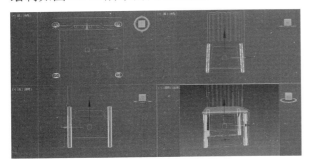

图 3.177　复制并调节好位置的椅子腿

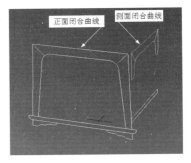

图 3.178　绘制的闭合曲线

步骤 2：对绘制的闭合曲线进行倒角处理。选中所有需要倒角的闭合曲线，在浮动面板中选择■(修改)→■修改器列表■■■→【倒角】命令即可为闭合曲线添加倒角。具体参数设置如图 3.179 所示。单击■(使唯一)按钮，断开对象之间的倒角关联。倒角之后的效果如图 3.180所示。复制完成椅子腿横支架效果如图 3.81 所示。

图 3.179　倒角参数设置

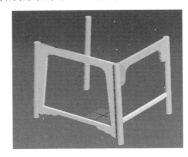

图 3.180　倒角之后的椅子横条支架

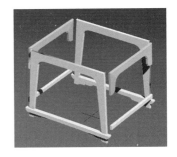

图 3.181　复制完成后的效果

视频播放："任务六：制作椅子腿和横支架"的详细介绍，请观看"任务六：制作椅子腿和横支架.mp4"视频文件。

任务七：制作椅子的靠背

椅子靠背的制作方法是根据 CAD 图纸绘制闭合曲线和曲线，对绘制的闭合曲线进行倒角处理，对曲线进行车削处理，再转换为可编辑多边形，进行适当细化处理即可。

步骤 1：绘制闭合曲线和曲线。在浮动面板中单击■(创建)→■(修改)→■■■线■■■按钮。在视图中绘制如图 3.182 所示的闭合曲线和曲线。

步骤 2：倒角处理。选择闭合曲线，在浮动面板中选择■(修改)→■修改器列表■■■→【倒角】命令即可为闭合曲线添加倒角。具体参数设置和效果如图 3.183 所示。

【任务七：制作椅子的靠背】

图 3.182 绘制的闭合曲线和曲线

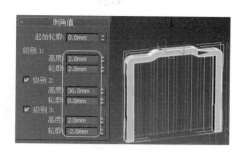

图 3.183 倒角参数和效果

步骤 3：车削处理。选择需要进行车削处理的曲线。在浮动面板中选择▨(修改)→ 〔修改器列表〕▾→【车削】命令即可。每条曲线都要单独添加【车削】命令。最终效果如图 3.184 所示。

步骤 4：转换为可编辑多边形。选中所有倒角和车削的对象，在选中的任意对象上单击鼠标右键弹出快捷菜单。在弹出的快捷菜单中选择〔转换为〕→〔转换为可编辑多边形〕命令即可。

步骤 5：连接处理。选择需要连接边的对象，按键盘上的"2"键，进入边编辑模式，选择需要连接的边，单击〔连接〕按钮右边的▣(设置)按钮，弹出参数设置浮动面板，具体参数设置和效果如图 3.185 所示。单击☑按钮完成边的连接。使用相同的方法对其他对象进行边的连接。

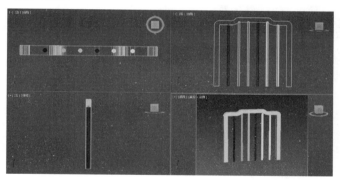

图 3.184 车削所有曲线的效果

图 3.185 连接的边和参数设置

步骤 6：进行变形操作。选择需要进行变形操作的对象，在浮动面板中选择▨(修改)→〔修改器列表〕▾→〔FFD 4x4x4〕命令即可为选择对象添加【FFD4×4×4】命令。再单击〔控制点〕子层级选项，在【透视图】中选择需要调节的顶点进行调节。最终效果如图 3.186 所示。

步骤 7：将添加了【FFD4×4×4】命令的对象转换为可编辑多边形。渲染效果如图 3.187 所示。

步骤 8：方法同上，继续使用【FFD4×4×4】命令对椅子靠背的外轮廓进行变形操作。最终效果如图 3.188 所示。

步骤 9：将所有对象选中，成一个组，组名为"餐桌椅"。

视频播放："任务七：制作椅子的靠背"的详细介绍，请观看"任务七：制作椅子的靠背.mp4"视频文件。

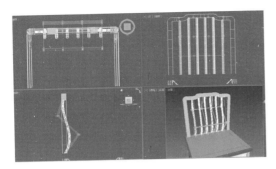

图 3.186　调节控制点的位置

图 3.187　渲染效果

图 3.188　餐桌椅各个方位的效果

四、项目小结

本项目主要介绍了根据 CAD 图纸制作餐桌椅模型的原理、方法和技巧。重点掌握【剖面倒角】【放样】【FFD4×4×4】命令的作用和使用方法。

五、项目拓展训练

根据前面所学知识制作如下图所示的餐桌椅模型。

【项目 6：小结与拓展训练】

项目 7：酒柜模型的制作

一、项目预览

项目效果和相关素材位于"第 3 章/项目 7：酒柜模型的制作"文件夹中。本项目主要介绍酒柜模型制作的方法、技巧和原理。

项目部分效果图：

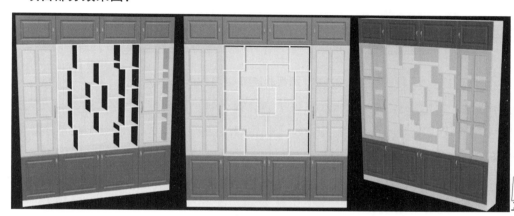

二、项目效果及制作步骤(流程)分析

本项目制作流程：

任务一：导入 CAD 图纸➡任务二：制作酒柜框架模型➡任务三：制作酒柜木门➡任务四：制作酒柜玻璃门

三、项目详细过程

在项目制作过程中需要解决以下几个问题：

(1) 怎样根据 CAD 图纸制作酒柜模型？

(2) 酒柜门拉手制作的方法。

(3) 怎样使用【剖面倒角】和【布尔】命令？

酒柜模型制作的方法是根据 CAD 图纸制作酒柜模型的主体。使用【剖面倒角】等修改命令制作门和拉手模型。

任务一：导入 CAD 图纸

酒柜的详细 CAD 图纸如图 3.189 所示。使用 Auto CAD 软件，将绘制的 CAD 图纸打开，根据 3ds Max 2016 绘图的需求，将多余的对象删除。将留下的 CAD 立面图输出为图块，根据前面所学知识将图块导入 3ds Max 2016 中。

【项目 7：基本概况】　　　　【任务一：导入 CAD 图纸】

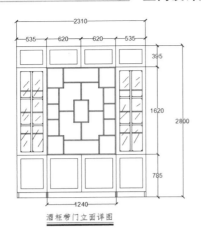
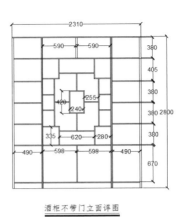

酒柜带门立面详图　　　　　　　　酒柜不带门立面详图

图 3.189　酒柜的详细 CAD 图纸

视频播放:"任务一:导入 CAD 图纸"的详细介绍,请观看"任务一:导入 CAD 图纸.mp4"视频文件。

任务二:制作酒柜框架模型

酒柜框架模型的制作原理、方法和技巧与电视柜框架模型完全一样。在这里就不再详细介绍,只介绍大致制作步骤。

步骤 1:绘制闭合曲线。绘制的闭合曲线如图 3.190 所示。

步骤 2:给绘制的闭合曲线添加【挤出】命令,挤出的具体参数设置和效果,如图 3.191 所示。

步骤 3:转换为可编辑多边形。将鼠标移到任意一个挤出的对象上,单击鼠标右键,弹出快捷菜单,在弹出的快捷菜单中选择 转换为 → 转换为可编辑多边形 命令即可。

步骤 4:附加对象。选择转换为可编辑多边形的对象。在浮动面板中单击 附加 按钮,在场景中依次单击需要附加的对象,附加完成之后将其命名为"酒柜架"。

步骤 5:创建酒柜背板。在浮动面板中单击 (创建)→ (几何体)→ 平面 按钮,在【前视图】中绘制一个平面(长度:2800mm,宽度:2310mm),并命名为"酒柜背板"。调节好位置,效果如图 3.192 所示。

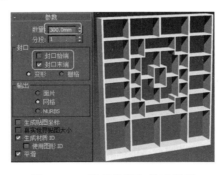
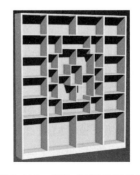

图 3.190　绘制的酒柜闭合曲线　　　图 3.191　挤出参数和挤出效果　　　图 3.192　增加酒柜背板效果

【任务二:制作酒柜框架模型】

视频播放: "任务二: 制作酒柜框架模型"的详细介绍, 请观看"任务二: 制作酒柜框架模型.mp4"视频文件。

任务三: 制作酒柜木门

酒柜木门的制作方法与电视柜木门制作的方法基本相同, 在此就不详细介绍。具体操作请参考电视柜木门的制作方法或配套多媒体视频。

制作好的木门效果如图 3.193 所示。在制作酒柜木门的时候, 木门的倒角剖面可以将素材中提供的倒角剖面线导入, 再根据导入的倒角剖面进行绘制。

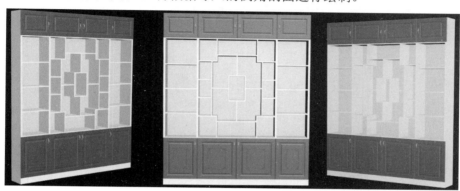

图 3.193　酒柜木门效果

视频播放: "任务三: 制作酒柜木门"的详细介绍, 请观看"任务三: 制作酒柜木门.mp4"视频文件。

任务四: 制作酒柜玻璃门

酒柜玻璃门的制作原理、方法和技巧与电视柜玻璃门的制作原理、方法和技巧完全相同, 在此就不再详细介绍。请读者参考电视柜玻璃门的制作或配套多媒体视频。

制作好的酒柜玻璃门效果如图 3.194 所示。在制作酒柜玻璃门的时候, 玻璃门倒角剖面可以将素材中提供的倒角剖面线导入, 再根据导入的倒角剖面进行绘制。

图 3.194　酒柜玻璃门效果

【任务三: 制作酒柜木门】　　　【任务四: 制作酒柜玻璃门】

四、项目小结

本项目主要介绍了根据 CAD 图纸制作酒柜模型的原理、方法和技巧。重点掌握【剖面倒角】和 CAD 图纸的正确分析。

五、项目拓展训练

根据前面所学知识制作如下图所示的酒柜模型。

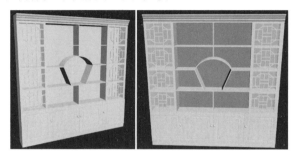

项目 8：客厅、餐厅和阳台的装饰模型制作

一、项目预览

项目效果和相关素材位于"第 3 章/项目 8：客厅、餐厅和阳台的装饰模型制作"文件夹中。本项目主要介绍客厅、餐厅和阳台的装饰模型制作的方法、技巧和原理。

二、项目效果及制作步骤(流程)分析

项目部分效果图：

本项目制作流程：

任务一：制作挂画模型➡任务二：制作阳台隔断和装饰背景框模型➡任务三：制作吊顶模型➡任务四：窗帘盒及窗帘模型的制作➡任务五：客厅、餐厅和阳台装饰模型的合并

【项目 7：小结与拓展训练】　　【项目 8：基本概况】

三、项目详细过程

在项目制作过程中需要解决以下几个问题：

(1) 怎样根据 CAD 图纸制作酒柜模型？

(2) 画框模型的制作原理是什么？

(3) 怎样使用放样命令制作模型？

(4) 怎样导入模型？导入模型需要注意哪些问题？

在本项目中主要讲解客厅、餐厅和阳台各种装饰模型的制作原理、方法和技巧，以及各种摆件的合并方法。

任务一：制作挂画模型

主要有三幅挂画，第一幅挂画放在沙发背景墙的位置，第二幅挂画放在餐厅背景墙位置，第三幅挂画放在电视柜中间的位置。这三幅挂画的制作原理和方法完全相同，只是大小不同而已，在此就以沙发背景墙位置的挂画为例。

挂画的绘制方法是，根据 CAD 图纸绘制闭合曲线，对闭合曲线进行挤出和倒角剖面操作，再将对象转换为可编辑多边形。

步骤 1：将画框的 CAD 图导入 3ds Max 2016 中，如图 3.195 所示。

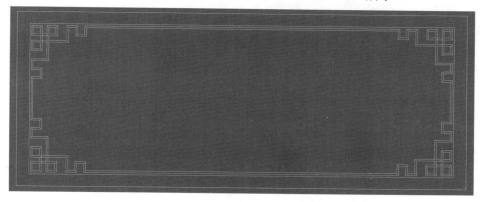

图 3.195　导入的画框 CAD 图纸

步骤 2：绘制闭合曲线。沿着 CAD 图纸绘制闭合曲线，绘制的闭合曲线如图 3.196 所示。

步骤 3：对闭合曲线进行挤出，框选除最外围闭合曲线的所有闭合曲线，添加【挤出】命令，设置【挤出】命令的"数量"参数为"8mm"。最终效果如图 3.197 所示。

步骤 4：转换为可编辑多边形和附加操作。将挤出的任意一个对象转换为可编辑多边形，在浮动面板中单击 附加 按钮，在场景中依次单击挤出的对象，附加完成之后将其命名为"画框装饰"。

步骤 5：绘制倒角剖面线，如图 3.198 所示。

【任务一：制作挂画模型】

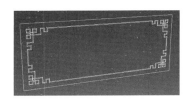

图 3.196　绘制的闭合曲线

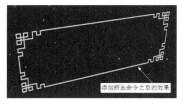

图 3.197　挤出的效果

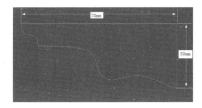

图 3.198　绘制的倒角剖面线

　　步骤 6：倒角剖面操作。选择最外围的闭合曲线，添加【倒角剖面】命令，在浮动面板中单击 拾取剖面 按钮，在场景中单击前面绘制的倒角剖面线即可。将倒角剖面之后的对象转换为可编辑多边形，命名为"画框"。效果如图 3.199 所示。

　　步骤 7：绘制平面，在浮动面板中单击 ◙(创建)→◙(几何体)→ 平面 按钮，在【前视图】中绘制一个平面，并命名为"挂画"，如图 3.200 所示。

　　步骤 8：将"挂画""画框""画框装饰"成一个组，组名为"沙发背景墙挂画"。

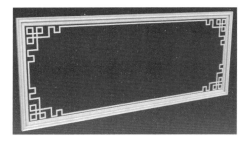

图 3.199　画框效果

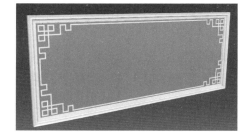

图 3.200　最终挂画效果

　　步骤 9：方法同上，再制作一幅餐厅的挂画(宽：1800mm，高：800mm)。命名为"餐厅挂画"。

　　视频播放："任务一：制作挂画模型"的详细介绍，请观看"任务一：制作挂画模型.mp4"视频文件。

任务二：制作阳台隔断和装饰背景框模型

　　由于阳台是一个不规则的阳台，根据用户的要求，通过隔断将阳台分割成两个空间，一部分作为阳台，一部分作为大书房的一部分。在此，采用中式画框的形式作为隔断。

　　步骤 1：将 CAD 画框导入 3ds Max 场景中，如图 3.201 所示。

　　步骤 2：根据 CAD 图纸绘制闭合曲线，最终绘制的闭合曲线如图 3.202 所示。

　　步骤 3：挤出操作。选中除最外围的两个大的闭合曲线之外的所有闭合曲线。添加【挤出】命令，【挤出】命令的挤出"数量"参数为"5mm"。选择最外围的闭合曲线，按键盘上的"3"键，切换到◙(样条线)编辑模式，在浮动面板中单击 附加 按钮，在场景中单击次外围的闭合曲线即可将两条闭合曲线附加在一起。给附加在一起的闭合曲线添加【挤出】命令，挤出"数量"参数为"50mm"。调节好对象的位置，如图 3.203 所示。

【任务二：制作阳台隔断和装饰背景框模型】

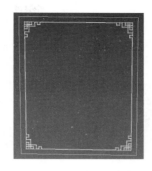

图 3.201　导入的 CAD 图纸　　　图 3.202　绘制的闭合曲线　　　图 3.203　挤出之后的效果

步骤 4： 附加成一个对象。将挤出的任意一个对象转换为可编辑多边形，在浮动面板中单击  按钮，依次单击挤出的对象即可附加成一个对象，并命名为"阳台隔断框"。

步骤 5： 绘制隔断背景。在浮动面板中单击 ◙(创建)→ ◘(几何体)→ ▬平面▬ 按钮，在【前视图】中绘制一个平面(长度：2600mm，宽度：2047mm)，并命名为"阳台隔断背景"。调节好位置，效果如图 3.204 所示。

步骤 6： 成组操作。框选"阳台隔断框"和"阳台隔断背景"，将其组成一个组，组名为"阳台隔断"。

步骤 7： 方法同上，制作一个沙发背景装饰框，最终效果如图 3.205 所示。

步骤 8： 方法同上，制作餐厅背景装饰框，最终效果如图 3.206 所示。

图 3.204　阳台隔断模型效果　　　图 3.205　沙发背景装饰框　　　图 3.206　餐厅背景装饰框

视频播放："任务二：制作阳台隔断和装饰背景框模型"的详细介绍，请观看"任务二：制作阳台隔断和装饰背景框模型.mp4"视频文件。

任务三：制作吊顶模型

吊顶模型制作也比较简单，通过绘制二维闭合曲线，进行挤出和倒角剖面来制作。

1. 制作吊顶板

步骤 1： 根据 CAD 平面图绘制闭合曲线。绘制的闭合曲线如图 3.207 所示。

步骤 2： 框选绘制的闭合曲线，添加一个【挤出】命令，【挤出】命令的"数量"参数设置为"100mm"。参数设置与效果如图 3.208 所示。

步骤 3： 将挤出对象转换为可编辑多边形，并附加成一个对象，命名为"吊顶板"。

【任务三：制作吊顶模型】

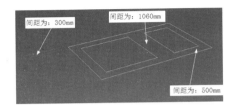

图 3.207　绘制的闭合曲线

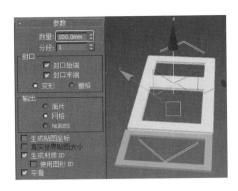

图 3.208　挤出参数和效果

2. 制作吊顶板边框模型

吊顶板边框模型主要通过倒角剖面来制作。

步骤 1：绘制如图 3.209 所示的 4 条闭合曲线。

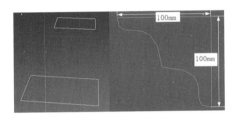

图 3.209　绘制的 4 条闭合曲线

步骤 2：倒角剖面处理。选择闭合曲线，添加一个【倒角剖面】命令，在浮动面板中单击 拾取剖面 按钮，在场景中单击不规则的闭合曲线即可得到一个剖面效果，使用同样的方法对其他两条闭合曲线进行倒角剖面操作。最终效果如图 3.210 所示。

步骤 3：将倒角得到的对象转换为可编辑多边形，并附加成一个对象，命名为"吊顶装饰框"。

步骤 4：选择"吊顶装饰框"和"吊顶板"成一个组，组名为"吊顶板 01"，效果如图 3.211 所示。

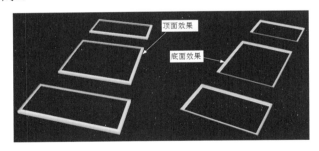

图 3.210　倒角剖面效果

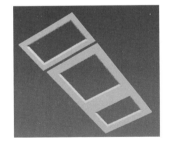

图 3.211　成组之后的效果

3. 制作吊顶装饰图模型

吊顶装饰图模型制作比较简单，只要将 CAD 图纸导入场景中，并根据 CAD 图纸绘制二维闭合曲线，对曲线进行挤出操作。再将挤出的对象转换为可编辑多边形，并命名为"阳台吊顶装饰框""客厅吊顶装饰框""餐厅吊顶装饰框"。最终效果和位置如图 3.212 所示。

在【顶视图】中沿 CAD 平面图的墙体边缘绘制闭合曲线，将闭合曲线转换为可编辑多边形并命名为"顶面"。调节好位置，最终效果和位置如图 3.213 所示。

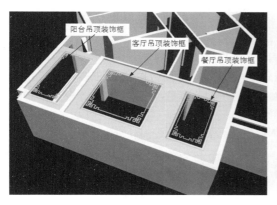

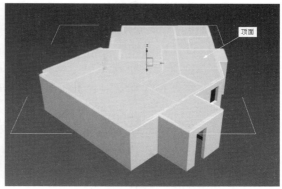

图 3.212　吊顶装饰模型位置和效果　　　　图 3.213　绘制的顶面及位置

视频播放："任务三：制作吊顶模型"的详细介绍，请观看"任务三：制作吊顶模型.mp4"视频文件。

任务四：窗帘盒及窗帘模型的制作

1. 窗帘盒模型的制作

窗帘盒模型的制作比较简单，主要通过创建基本几何体，将基本几何体转换为可编辑多边形，对可编辑多边形进行挤出即可。

步骤 1：在浮动面板中单击 ■(创建)→■(几何体)→■长方体■按钮，在【顶视图】中创建一个长方体，具体参数设置和效果如图 3.214 所示。

步骤 2：将创建的立方体命名为"窗帘盒"并将其转换为可编辑多边形。按键盘上的"1"键，切换到可编辑多边形的顶点编辑模式。对顶点进行调节，最终效果如图 3.215 所示。

步骤 3：按键盘上的"4"键，切换到可编辑多边形的多边形编辑模式，选择"窗帘盒"顶面中间的面进行挤出，挤出量为"-80mm"，挤出效果和参数设置如图 3.216 所示。

2. 窗帘模型的制作

窗帘模型制作主要有两种方法，第一种方法是使用布料和动力学模拟来制作；第二种方法是通过绘制曲线、放样和 FFD 修改来制作。在此，介绍使用第二种方法制作窗帘模型。

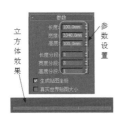

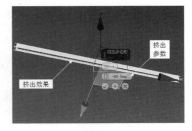

图 3.214　立方体效果和参数设置　　图 3.215　添加顶点之后的窗帘盒　　图 3.216　挤出效果和参数设置

【任务四：窗帘盒及窗帘模型的制作】

步骤 1：在【顶视图】中绘制两条长度为"1720mm"的曲线，在【前视图】中绘制一条长为"2800mm"的直线。如图 3.217 所示。

步骤 2：进行放样操作。在浮动面板中选择 ▓(创建)→◎(几何体)→ 标准基本体 ▼ ，弹出下拉菜单，在弹出的下拉菜单中选择 复合对象 命令，切换到【复合对象】面板。在【透视图】中选择直线，在【复合对象】面板中单击 放样 → 获取图形 按钮，在【透视图】中单击第 1 条曲线。

步骤 3：在浮动面板中设置【路径】参数为 100，单击 获取图形 按钮，如图 3.218 所示。在【透视图】中单击第 2 条曲线，完成放样操作并命名为"窗帘 01"，效果如图 3.219 所示。

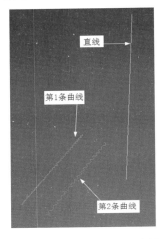

图 3.217　绘制的曲线和直线

图 3.218　放样参数面板

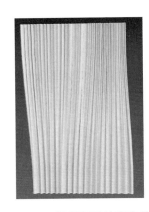

图 3.219　放样得到的窗帘效果

步骤 4：将放样得到的"窗帘 01"转换为可编辑多边形。将"窗帘 01"复制 3 个，并命为"窗帘 02""窗帘 03""窗帘 04"。

步骤 5：缩放操作，将"窗帘 03"和"窗帘 04"进行适当的缩放操作，调节好位置，如图 3.220 所示。

步骤 6：将"窗帘盒"和 4 块窗帘成一个组，组名为"客厅窗帘"，调节好位置，最终效果如图 3.221 所示。

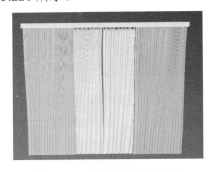

图 3.220　调节好位置的窗帘

图 3.221　客厅窗帘的位置和效果

视频播放："任务四：窗帘盒及窗帘模型的制作"的详细介绍，请观看"任务四：窗帘盒及窗帘模型的制作.mp4"视频文件。

任务五：客厅、餐厅和阳台装饰模型的合并

在进行室内效果模型制作的时候，为了制作方便和快捷，建议读者单独制作各种装饰模型，最后再将单独制作的各种模型导入到统一的场景。在本任务中主要介绍将客厅、餐厅和阳台各种装饰模型导入并放置在适当的位置。

在此以导入客厅电视柜模型为例讲解导入模型的方法，其他模型的导入读者可以按此方法进行。

步骤 1：打开客厅、餐厅和阳台模型并另存为"客厅、餐厅和阳台素模.max"

步骤 2：导入"电视柜"模型。在菜单栏中选择 ➤ → ➤ 导入 → ➤ 导入 将外部文件格式导入到 3ds Max 中，命令，弹出【合并文件】对话框，在该对话框中选择需要合并的文件，如图 3.222 所示。单击 打开(O) 按钮弹出【合并-电视柜模型.max】对话框，如图 3.323 所示。单击 确定 按钮即可将电视柜模型合并到场景中。

图 3.222　【合并文件】对话框

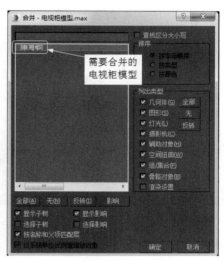

图 3.223　【合并-电视柜模型.max】对话框

步骤 3：调节位置。使用移动和选择工具对合并的图形位置进行调节。最终位置和效果如图 3.224 所示。

步骤 4：方法同上，将隔断、沙发组合、茶具、灯具、餐桌组合及装饰品等模型合并到场景中，最终效果如图 3.225 至图 3.227 所示。

提示：如图 3.228 所示的各种装饰模型的制作在此就不再详细介绍，读者可以调用配套素材中的多媒体素材，观看各种装饰模型的详细制作过程。

【任务五：客厅、餐厅和阳台装饰模型的合并】

图 3.224　酒柜的最终位置和效果

图 3.225　客厅一角效果

图 3.226　餐厅一角效果

图 3.227　阳台一角效果

图 3.228　各种装饰品模型

视频播放："任务五：客厅、餐厅和阳台装饰模型的合并"的详细介绍，请观看"任务五：客厅、餐厅和阳台装饰模型的合并.mp4"视频文件。

四、项目小结

本项目主要介绍了挂画、阳台隔断、装饰背景框、吊顶、窗帘盒及窗帘等模型的制作原理、方法和技巧，重点要求掌握各种模型制作的原理和方法。

五、项目拓展训练

根据前面所学知识制作如下图所示的客厅、餐厅和阳台模型。

【项目8：小结与拓展训练】

第4章

客厅、餐厅、阳台空间表现

项目1：室内渲染基础知识

项目2：对客厅、餐厅和阳台材质进行粗调

项目3：参数优化、灯光布置和输出光子图

项目4：对客厅、餐厅和阳台材质进行细调和渲染输出

项目5：对客厅、餐厅和阳台进行后期合成处理

说　明

本章主要通过5个项目全面介绍客厅、餐厅和阳台空间表现的原理、流程、方法及技巧。

教学建议课时数

一般情况下需要20课时，其中理论6课时，实际操作14课时(特殊情况可做相应调整)。

　　客厅是家庭成员在一起聚会、交流的主要空间。目前，大多数居民住房面积不大，往往将客厅根据自己的需要划分为会客区、休息区、学习与阅读区、娱乐区等。在设计客厅时要注意 3 点：①视觉中心的设计，也称空间焦点设计，在客厅中一般电视机就是视觉中心；②客厅的动线与家具的配置要力求视觉上的顺畅感，避免过分强调区域的划分；③在色调的设计上，最好采用大众色调，也就是中庸色调(如乳白色、米黄色等)，以迎和多数人的喜好。

　　餐厅是一个家庭进餐、聚会、团聚、共享天伦之乐的重要场所，也是宴请宾客、亲朋欢聚的场所。餐厅的功能性很强，使用率极高，所以，在设计时应保证餐厅具备方便、舒适、亲和力和温馨感。

　　阳台作为住宅的辅助空间，它是楼层住户与室外空间联系的小场所，是休息、眺望、绿化、储藏和晾晒的重要场所，也对室内空间起着缓冲作用，给人以轻松和舒畅的感觉。根据阳台的作用可分为生活阳台和辅助阳台。前者多设置在起居室和卧室外，后者则常与厨房或卫生间相连。因我国地域辽阔，南北气候差异较大，居民的生活习惯和风俗各异，对阳台的利用也各不相同。北方气候寒冷，阳台多为封闭式，住宅的阳台一般设置在厨房外面，成为厨房面积的补充，是冬季储藏粮食蔬菜的理想空间。而南方气候温和，一般与起居室或客厅相连作为生活阳台使用。多为南向或东南向，冬季可晒太阳，夏季可遮挡西晒。服务阳台则多与厨房相连，以利于家庭杂务活动。在本案例中阳台与客厅相连作为客厅的一部分。

　　客厅、餐厅和阳台的空间表现效果。

项目 1：室内渲染基础知识

一、项目预览

项目效果和相关素材位于"第 4 章/项目 1：室内渲染基础知识"文件夹中。本项目主要介绍室内空间表现必须掌握的基础知识。

二、项目效果及制作步骤(流程)分析

项目部分效果图：

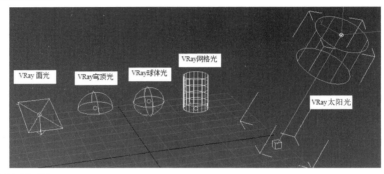

本项目制作流程：

任务一：室内空间表现基本原则➡任务二：室内空间表现的基本流程➡任务三：了解 VRay 材质属性➡任务四：了解 VRay 灯光系统

三、项目详细过程

在项目制作过程中需要解决以下几个问题：

(1) 室内空间表现的基本原则是什么？

(2) 室内空间表现的基本流程主要包括哪几步？

(3) VRay 材质主要有哪些属性？

(4) VRay 灯光主要包括哪些灯光？怎样设置灯光参数？

任务一：室内空间表现基本原则

要想表现出一个理想的室内空间效果，必须遵循美的设计构图法则。所谓理想的设计构图法是指多样统一，也称有机统一 。即在统一中求变化，在变化中求统一。在室内空间效果表现中建议读者遵循如下几个基本原则。

1. 比例与尺度

一切具有美感的造型艺术都具有和谐的比例关系。在艺术领域中最经典的比例理论就是黄金分割比例。

在室内空间表现中还有一个与比例相关的概念，即尺度的概念。在室内空间表现中

【项目 1：基本概况】

【任务一：室内空间表现基本原则】

尺度主要研究的是室内的整体或局部，给人感觉上的大小印象与真实空间之间的对比关系。一个协调美观的构图空间必须具备各种小物件的尺寸正确，重心点在整个构图中的比例要协调。

2．主次与重点

在室内空间表现中一定要有主次之分和轻重之分，有核心与外围组织的差别。如果各元素平均分布或同等对待(也就是排列整齐有序)，很容易出现松散和单调感而失去统一性。

3．基本的几何形体要统一

简单、统一的基本几何体形体很容易产生美感，因为它具有完整的象征性，即抽象的一致性。

4．均衡与稳定

从静态的角度来说，均衡与稳定具有两种基本形式：对称和非对称。但在现代室内空间装饰理论中比较注重时间和运动这两个因素，也就是说，人们在室内空间观赏中不是固定在某一个点上，而是在连续运动的过程中观赏，并从不同角度来考虑室内空间形体的均衡与稳定的问题。即从某一角度看它是对称的，而从另一角度看它是非对称的，但有一点是不变的，无论从哪一个角度看，画面都要具备均衡和稳定，空间表现才具有美感。

5．韵律与节奏

一个表现完美的室内空间效果它一定具有韵律美和节奏感。所谓韵律美是指有意识的模仿和运用，以创造出有条理性、重复性和连续性为特征的美的形式。韵律美主要分为连续韵律、渐变韵律和起伏韵律三种。

在室内空间效果表现中主要通过点、线和面来体现画面的韵律美和节奏感。

视频播放："任务一：室内空间表现基本原则"的详细介绍，请观看"任务一：室内空间表现基本原则.mp4"视频文件。

任务二：室内空间表现的基本流程

掌握科学的室内空间表现基本流程是加快工作效率的有效途径。以下工作流程几乎在任何渲染软件中都实用，它主要分 6 个步骤：①粗调材质→②优化渲染速度→③灯光布置与调节→④细调材质→⑤最终渲染输出→⑥后期合成处理。

1．粗调材质

粗调材质是室内空间效果表现的第一步，主要工作是确定大面积材质的颜色、纹理和透明度信息。

为什么要调节模型中面积较大的材质表面亮度特征的颜色和纹理呢？因为灯光效果需要通过材质才能表现出来。如果没有确定材质的亮度，就无法确定灯光的合适强度。

为什么要调节材质的透明度呢？因为透明度会影响到灯光亮度的调节。例如，玻璃窗没有调节为透明，外面的阳光就无法进入室内。透明物体没有调节为透明，就无法显示透明物体后面的物体。

【任务二：室内空间表现的基本流程】

要特别注意一点，在粗调材质时不要调节影响渲染速度较大的相关参数(例如，光线跟踪和超级采样等)，如果材质的 UV 存在问题，在此阶段也要给材质分配好 UV。

2. 优化渲染速度

在灯光布置阶段，重点是调节空间效果的色彩和明暗信息。对渲染的品质要求不高，所以在进行速度优化时，通常将【渲染场景】对话框的分辨率设置小一点，关闭【抗锯齿】和【过滤贴图】等参数选项来提高渲染速度，方便渲染测试。

3. 灯光布置与调节

灯光布置与调节是室内空间表现中对技术和审美要求最高的阶段，建议大家在进行灯光布置和调节时要从以下 3 个方面进行考虑。

(1) 制作前的布光思路。

布光思路是一个非常重要的思考环节，它比技术能力还重要，因为，技术操作都是以它为中心展开的，最终目的就是实现布光思路。

在制作前，一定要想好空间表现的最终效果，脑海中要有一幅最终的画面效果，最终的画面效果主要包括图像颜色、图像配景、图像光线和图像构图等，制作过程只不过是通过技术一步一步实现脑海中的效果。如果在制作前脑海中没有最终效果，靠在制作过程中一步一步地尝试是很难达到理想效果的。

(2) 布光思路分析。

首先分析主光源是哪一个，次光源包括哪些；其次分析自然光、人工光与虚拟光。

一般情况下，日景的光源主要通过白天的自然光(天光和阳光)来表现。在室内空间表现中很多人认为阳光是最强的光源，其实照亮整个室内空间的却是天光。因为，阳光属于点光源类型，它对室内照射的面积比较小，即使光源强度较大，影响的面积也小，所以不足以对空间亮度产生大的影响。而天光是阳光的间接光照，阳光越强，天光自然也就越强。

在室内空间表现中除了自然光以外的所有光源都叫人工光源，例如，台灯、吸顶灯、壁灯和吊灯等。在室内空间表现中还存在一种特殊的光源叫作虚拟光。虚拟光是指为了烘托画面气氛，在场景中其实不存在的虚拟出来的一种光。

(3) 色彩。

不同空间对环境氛围要求也有所不同，所以对色彩的基调要求也不同。例如，客厅、卧室和书房三者的环境氛围就有所不同。客厅的环境氛围一般要求明快、活泼、自然，不宜采用太强烈的色彩，才能在整体上给人一种舒适的感觉，一般情况下以中性色为主；卧室的环境氛围一般要求柔和一些，有利于休息，一般以偏暖色调为主；书房的环境要求雅致、庄重、和谐，一般以灰、褐绿、浅蓝等颜色为主，以烘托出书香氛围。

在室内空间表现中无论是在空间设计阶段还是渲染阶段，都要考虑突出环境氛围的颜色基调。此外，还要注意冷暖色调的搭配，才能达到视觉上的色彩平衡。

在室内空间表现中，暖色材料会反射出暖色的光，当阳光遇到这些溢出的暖色光时，如果是大面积的也会很不舒服，要在适当的位置添加一些冷色调形成互补，以达到视觉上的色彩平衡。

在进行布光中，天光属于偏蓝色系的冷色，可以作为暖色的补光。

4. 细调材质

灯光布置完毕之后，接下来的工作就是细调材质，调节出材质的质感。

在细调材质之前，需要对表现材质的物理特性和物理属性进行分析，在进行分析的过程中还要综合考虑环境。物理特性和属性的分析将在项目 2 中进行详细介绍。

5. 最终渲染输出

在此阶段主要设置渲染输出的大小和渲染质量。

6. 后期合成处理

后期合成处理的目的是使渲染的空间效果变得更加精彩。在此阶段主要是对图像进行调色、添加特效、合成配景及整体氛围处理等。

视频播放："任务二：室内空间表现的基本流程"的详细介绍，请观看"任务二：室内空间表现的基本流程.mp4"视频文件。

任务三：了解 VRay 材质属性

虽然 VRay 材质的种类非常多，但只要掌握了材质的物理特性和物理属性，就能对材质融会贯通。下面具体介绍一下 VRay 材质的物理特性和物理属性。

1. VRay 材质的物理特性

物理特性是指物体表面的纹理(例如，木纹、布纹、皮纹等)和颜色。纹理是指材质表面的纹理和凹凸效果，在 3ds Max 中主要通过【贴图】卷展栏中的【凹凸】和【漫反射】属性来模拟二维材质效果，但它只是从视觉上来模拟表面的凹凸效果，而实际上模型本身是没有凹凸的，如果要模拟出真实的凹凸效果，可以通过【贴图】卷展栏中的【置换】来模拟。颜色是指物体的固有色，在 3ds Max 中主要通过材质的【漫反射】参数来控制。

物理特性主要用来模拟物体的肌理。

2. VRay 材质的物理属性

物理属性主要包括发光、透明、光滑、反射和高光。

(1) 发光属性。

发光分受光面对象和非受光面对象，即材质效果是否受灯光的影响。

非受光面对象材质是指不受周围环境和灯光影响的材质，主要包括以下 4 种，除了以下 4 种之外的材质都属于受光面对象材质。

① 百分之百透明的对象。例如，空气。

② 百分百反光的对象。例如，镜子。

③ 纯黑色的对象，因为纯黑色的材质是完全吸光的，所以归为非受光对象。

④ 自发光材质。例如，灯泡和发光的生物体等。

(2) 透明属性。

透明属性主要用来控制材质对象的透明程度(例如，调节水、玻璃等效果)，在 3ds Max

【任务三：了解 VRay 材质属性】

147

中主要通过【VRay】中的【折射】和【贴图】中的【不透明度】来实现。

(3) 折射属性。

只要物体具有透明效果,物体就会产生折射。在 3ds Max 中主要通过【VRay】中的【折射率】来控制。不同的物体具有不同的折射率。例如,钻石的【折射率】为 2.4,玻璃的【折射率】为 1.5～1.7,水的【折射率】为 1.33。

(4) 光滑属性。

光滑是指材质表面的粗糙或平滑的程度。光滑程度与发射的强度成正比,越光滑的物体表面反射就越强。在 3ds Max 中主要通过【VRay】中的【反射光泽度】来控制材质的光滑程度,该值越小,材质表面的反射越弱,表面越粗糙。

(5) 反射属性。

反射属性包括镜面反射和菲涅耳反射两种。在日常生活中,大多数物体材质都属于菲涅耳反射,凡是与透明有关的材质都属于菲涅耳反射。例如,水、玻璃等。在 3ds Max 中主要通过【VRay】中的【菲涅耳反射】和【菲涅耳折射率】来控制。

镜面反射主要通过 3ds Max 中的【反射】属性颜色来控制,颜色越亮,反射越强,颜色越暗,反射越弱。

(6) 高光。

高光是由对象材质反射高亮物体而产生的,所以,具有反射属性的材质才会产生高光。

提示: VRay 材质中比较典型的玻璃材质、金属材质、陶瓷材质、塑料材质和布纹材质的具体调节请观看配套素材中的视频介绍。

视频播放: "任务三:了解 VRay 材质属性"的详细介绍,请观看"任务三:了解 VRay 材质属性.mp4"视频文件。

任务四:了解 VRay 灯光系统

VRay 灯光系统主要包括 VRay 面光源、VRay 穹顶光源、VRay 球体光源、VRay 网格光源和 VRay 太阳光源。

1. VRay 面光源

VRay 面光源在室内空间表现中是一种常用灯光类型。具体参数面板如图 4.1 所示。

(1) VRay 面光源参数介绍。

①【类型】参数:主要用来选择灯光的类型,通过该参数右边的下拉菜单可以在 VRay 面光源、VRay 穹顶光源、VRay 球体光源、VRay 网格光源和 VRay 太阳光源之间进行任意切换。

②【倍增】参数:主要用来调节灯光的亮度。

③【大小】参数组:主要用来调节灯光面积的大小。另外也可以使用缩放工具调节灯光的面积大小。

【任务四:了解 VRay 灯光系统】

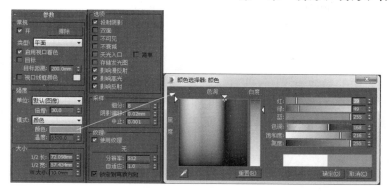

图 4.1　VRay 面光源参数面板

④【颜色】参数：主要用来调节灯光的颜色。在调节颜色的时候只要调节颜色的【色调】和【饱和度】即可。不需要调节【亮度】，因为【亮度】与【倍增】的作用完全相同，如果需要调节灯光的亮度直接调节【倍增】参数值即可。【亮度】值保持为 255 不变。

⑤【投射阴影】参数选项：选中此项，将渲染出阴影效果，否则不渲染阴影。

⑥【双面】参数选项：选中此项，灯光的箭头指向失效，灯光双面发光，否则灯光只沿箭头方向照射。默认情况下，为不勾选。

⑦【不可见】参数选项：选中此项，则 VRay 面光源不可见。

⑧【不衰减】参数选项：选中此项，所产生的光将不会随距离而衰减，否则光线将随距离而衰减。

⑨【天光入口】参数选项：选中此项，则【倍增】和【颜色】参数失效，则只通过【渲染设置】对话框中的【环境】卷展栏中的【颜色】值来调节。

⑩【存储发光图】参数选项：选中此项，则存储发光图，否则不存储发光图。

⑪【影响漫反射】参数选项：选中此项，VRay 面光源漫反射起作用，否则不起作用。

⑫【影响高光】参数选项：选中此项，VRay 面光源的高光起作用，否则不起作用。

⑬【影响反射】参数选项：选中此项，VRay 面光源的反射起作用，否则不起作用。

⑭【细分】参数：控制渲染图像的噪点，细分参数越大，噪点越少，否则噪点越多。

(2) VRay 面光源使用注意事项。

在使用 VRay 面光源时需要注意以下 3 点。

① 如果灯光要透过阻挡物照射某个空间时，尽量减少阻挡物的数量，使照射更加充分，减少噪点。

② 灯光的相对面积越大，噪点越多，相对面积越小，噪点越少。

③ 灯光的阴影与灯光的面积有很大的关系，面积越大，阴影越模糊；面积越小，阴影越清晰。

2. VRay 穹顶光源

VRay 穹顶光源主要用来模拟天光，它的最大优点是在开放的空间中会产生全局照明的效果。

VRay 穹顶光源可以在室内空间表现中使用，也可以在室外空间表现中使用，例如，在室内空间窗口比较多的环境中，VRay 穹顶光源自动从窗口射入光线，这样使用一盏灯光即可，节省资源，但产生的噪点比较多，可以通过提高【细分】参数值来解决噪点，也不会影响渲染的速度。

> **提示：** VRay 穹顶光源可以作为前期的测试光源，建议不要作为主光源使用。

VRay 穹顶光源的参数与 VRay 平面光源的参数基本相同，在此就不再详细介绍。只要注意【球形(完整穹顶)】参数，如果勾选此项，光线将进行全局照射，且光线变亮。如果不勾选此项，灯光呈半球形照射，即只能朝某一个方向照射。

3．VRay 球体光源

VRay 球体光源在形态上呈球体状，主要作用是用来模拟点光源效果，例如，模拟台灯的灯泡，模拟大自然中的太阳等。

> **提示：** 在创建 VRay 球体光源时，最好是通过拖拽的方式来创建，因为 VRay 球体光源是有半径大小的，如果是通过单击方式创建的 VRay 球体光源，则半径值为 0，此时灯光没有任何效果，需要设置半径值后 VRay 球体光源才起作用。

VRay 球体光源的参数与 VRay 面光源参数相似，只要注意以下两点。

(1) VRay 球体光源可以通过位置的调节，来改变照明的方向。

(2) VRay 球体光源可以通过体积的调节，即【半径】参数值的调节来改变投影的模糊程度。

4．VRay 网格光源

VRay 网格光源主要用来模拟较大空间中某些小光源的效果。例如，大的会议室或宴会厅中的灯带、灯罩的自发光效果。使用 VRay 网格光源来模拟效果会比没有使用 VRay 网格光源的效果好很多，同时也提高了直接发光的品质。

5．VRay 太阳光源

VRay 太阳光源的主要作用是模拟天空。VRay 太阳光源的参数面板如图 4.2 所示。

图 4.2　VRay 太阳光源参数面板

VRay 太阳光源参数介绍。

(1)【启用】参数：选中此项，启用 VRay 太阳光源系统。

(2)【不可见】参数：选中此项，在渲染时，太阳不可见。

(3)【浊度】参数：主要用来控制悬浮在大气中的固体和液体微粒对日光吸收和散射的程度。该值的取值范围在 2～20。浊度越低，场景越亮。

(4)【臭氧】参数：主要用来控制臭氧层对阳光的影响，该值越低，场景越偏向暖色调，该值越高，场景越偏向冷色调，但该参数对渲染效果的影响并不明显。

(5)【强度倍增】参数：主要用来控制阳光的倍增系数，值越大，渲染效果越亮。

(6)【大小倍增】参数：主要用来控制场景中阳光光源的尺寸倍增系数，该值越大，灯光的面积越大，阴影越模糊，但噪点也会越多。

(7)【过滤颜色】参数：主要作用是用来调节太阳光的过滤颜色。

(8)【颜色模式】参数选项：为用户提供了【过滤】【直接】【覆盖】三种过滤颜色的选择模式。

(9)【阴影细分】参数：主要用来控制阳光产生的阴影的样本数量，值越大，产生的阴影越平滑，但渲染的时间也会越长。

(10)【阴影偏移】参数：主要用来控制阴影偏移的距离。

(11)【光子发射半径】参数：主要用来控制阳光发射的光子半径大小。

(12)【天空模型】参数选项：用户可以通过下拉菜单选择【CIE 清晰】和【CIE 阴天】两种天空模式。

(13)【间接水平照明】参数：只有在【天空模型】选择【CIE 清晰】和【CIE 阴天】时，该参数才有效，该参数值越大，渲染效果越明亮，值越小，渲染效果越暗淡。

> 视频播放："任务四：了解 VRay 灯光系统"的详细介绍，请观看"任务四：了解 VRay 灯光系统.mp4"视频文件。

四、项目小结

本项目主要介绍了室内空间表现基本原则、基本流程、VRay 材质属性和 VRay 灯光系统。重点要求掌握室内空间表现的基本流程和 VRay 材质属性。

五、项目拓展训练

根据所学的知识，通过查找资料了解室内空间效果表现更详细的流程。

室内空间表现更详细的流程为：粗调材质效果→灯光布置调节→测试光能传递→处理颜色溢出→调整光能传递精度→处理黑斑效果→设置曝光控制→细调材质效果→最终调整灯光→最终渲染输出→后期合成处理。

项目 2：对客厅、餐厅和阳台材质进行粗调

一、项目预览

项目效果和相关素材位于"第 4 章/项目 2：对客厅、餐厅和阳台材质进行粗调"文件夹中。本项目主要介绍客厅、餐厅和阳台材质的粗调原理、方法和技巧。

二、项目效果及制作步骤(流程)分析

项目部分效果图：

151

【项目 1：小结与拓展训练】　　　【项目 2：基本概况】

本项目制作流程:

任务一：对沙发材质进行粗调➡任务二：粗调客厅与阳台之间的"隔断"模型的材质➡任务三：电视柜与酒柜材质粗调➡任务四：茶几、餐桌椅和边角凳的材质粗调➡任务五：茶具套装材质粗调➡任务六：其他材质粗调

三、项目详细过程

在项目制作过程中需要解决以下几个问题:

(1) 为什么要进行粗调材质?

(2) 粗调材质的基本原则是什么?

(3) 【UVW 贴图】命令的作用和使用方法。

(4) 【UVW 展开】命令的作用和使用方法。

(5) 怎样绘制贴图?

任务一：对沙发材质进行粗调

沙发采用中式风格,沙发框架为黄花梨,坐垫和靠背为中式风格的中式图案。

1. 沙发框架材质粗调

沙发框架材质粗调的主要任务是给沙发框架模型赋予黄花梨木纹和 UV 分配。

步骤 1: 孤立选择对象。在【场景资源管理器】中选择沙发组。单击 (孤立当前选择切换)按钮即可将选择对象孤立,如图 4.3 所示。

步骤 2: 选择三人沙发框架,单击 (材质编辑器)按钮,打开【材质编辑器】对话框,在【材质编辑器】对话框中选择一个材质示例球并命名为"沙发框架纹理"。单击 (将材质指定给选定对象)按钮即可给三人沙发框架赋予材质。

步骤 3: 单击"沙发框架纹理"材质中【Blinn 基本参数】卷展栏下【漫反射:】右边的 按钮,打开【材质/贴图浏览器】对话框,在该对话框中双击【位图】选项,弹出【选择位图图像文件】对话框,在该对话框双击"04_木纹贴图"文件。返回【材质编辑器】对话框。

步骤 4: 渲染效果。单击 (渲染产品)按钮,效果如图 4.4 所示。从渲染的效果可以看出,材质已经赋予沙发框架,但纹理不对,需要添加 UV。

提示: UV 只能对单个对象起作用。所以对需要添加相同方向纹路的面分离成一个对象。

步骤 5: 进入对象的多边形编辑模式。选择需要添加相同方向纹理的面,如图 4.5 所示。

【任务一：对沙发材质进行粗调】

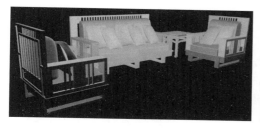

图 4.3　孤立的沙发组对象

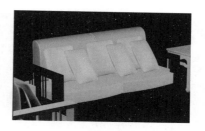

图 4.4　渲染的效果

步骤 6： 在【修改】浮动面板中单击【分离】按钮，弹出【分离】对话框，具体设置如图 4.6 所示。单击【确定】按钮完成分离操作，如图 4.7 所示。

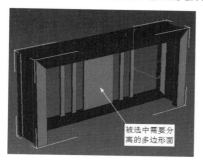

图 4.5　被选中需要分离的面

图 4.6　【分离】对话框

步骤 7： 方法同上，继续分离出"沙发左侧竖 02""沙发左侧横 01""沙发左侧横 02"。

步骤 8： 分别给分离出来的对象添加【UV 贴图】命令。贴图类型选择为【长方体】类型，根据实际模型需求调节【UV 贴图】命令的【长度】【宽度】【高度】的参数，最终效果如图 4.8 所示。

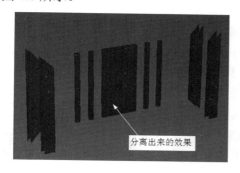

图 4.7　分离出来的效果

图 4.8　添加【UV 贴图】之后的效果

步骤 9： 方法同上，将三人沙发支架进行分离和添加 UV 贴图。最终效果如图 4.9 所示。

提示： 沙发支架对象多边形面的分离和 UV 贴图的添加请参考配套素材中的"沙发支架 UV 粗调.mp4"多媒体视频。

步骤 10： 单人沙发支架进行分离和添加 UV 贴图之后的最终效果如图 4.10 所示。

图 4.9　三人沙发支架分配好 UV 贴图之后的效果　　　图 4.10　单人沙发支架分配好 UV
　　　　　　　　　　　　　　　　　　　　　　　　　　　　　　贴图之后的效果

2. 沙发靠背和坐垫材质粗调

沙发靠背和坐垫为中式布艺。在粗调材质阶段主要任务是给沙发靠背和坐垫添加中式
布艺贴图和 UVW 贴图。具体操作方法如下。

步骤 1：孤立选择对象。在【场景资源管理器】中选择沙发坐垫。单击 (孤立当前选
择切换)按钮即可将选择对象孤立，如图 4.11 所示。

步骤 2：单击 (材质编辑器)按钮，打开【材质编辑器】对话框，在【材质编辑器】对
话框中选择一个材质示例球并命名为"沙发靠背与坐垫纹理"，单击 (将材质指定给选定
对象)按钮即可给沙发坐垫赋予材质。

步骤 3：标准材质切换为 VRay 材质。单击"沙发靠背与坐垫纹理"材质右边的【standard】
按钮，弹出【材质/贴图浏览器】对话框，在该对话框中双击【VRayMtl】材质即可。

步骤 4：添加漫反射贴图。在【基本参数】卷展栏中单击【漫反射】参数右边的 按钮，
弹出【材质/贴图浏览器】对话框，在该对话框中双击【位图】贴图，弹出【选择位图图像
文件】对话框，在该对话框中选择"中式沙发布纹.jpg"图片，单击【打开(O)】按钮。返
回【材质编辑器】对话框，再单击 (转到父对象)按钮返回上一级。

步骤 5：给沙发坐垫添加 UVW 贴图。选择沙发坐垫，在浮动面板中单击 (修改)项，
切换到【修改】浮动面板。单击【修改器列表】弹出下拉菜单，在弹出的下拉菜单中选择
【UVW 贴图】命令，根据选择对象的形状选择贴图类型。具体参数设置如图 4.12 所示。添
加【UVW 贴图】命令之后的效果如图 4.13 所示。

图 4.11　选择并孤立之后的沙发坐垫　　图 4.12　【UVW 贴图】　　图 4.13　添加【UVW 贴图】
　　　　　　　　　　　　　　　　　　　　　　命令参数设置　　　　　　　命令之后的效果

步骤 6：方法同上，给其他沙发坐垫和靠背添加布纹和 UVW 贴图。最终效果如图 4.14 所示。

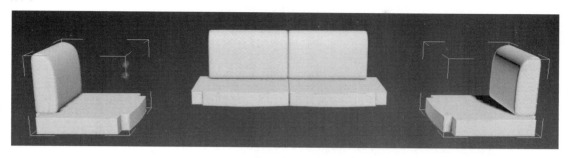

图 4.14　沙发坐垫和靠背贴图之后的效果

提示：【UVW 贴图】的参数调节，需要根据不同沙发垫和沙发靠背的大小进行调节。

3.　沙发抱枕材质粗调

给沙发抱枕粗调的主要任务是给沙发抱枕添加材质和 UVW 展开。具体操作如下。

(1) 给沙发抱枕添加材质。

步骤 1：选择对象并孤立选择对象。在左边的【选择列表】中选择 "抱枕 01"，单击🔒(孤立当前选择切换)按钮，将选择的对象孤立出来。

步骤 2：给选定对象添加指定材质。单击🔲(材质编辑器)按钮，弹出【材质编辑器】对话框，选择一个材质示例球，命名为 "沙发抱枕材质"，并将 standard(标准材质)切换为 VRayMtl 材质，如图 4.15 所示。

步骤 3：给沙发抱枕指定贴图。单击 "漫反射" 右边的▇(无)按钮，弹出【材质/贴图浏览器】对话框，在该对话框中双击【位图】选项，弹出【选择位图图像文件】对话框，在该对话框中选择 "抱枕布纹 05.jpg" 图片单击【打开(O)】按钮，即可给选定对象指定材质，如图 4.16 所示。

(2) 给指定材质的抱枕展 UV。

从图 4.16 可以看出，指定材质的抱枕边缘出现了拉伸，出现此种情况的原因是抱枕的 UV 出现了问题。下面详细介绍抱枕 UV 的展开。

图 4.15　指定的材质

步骤 1：移除 UVW。选择抱枕，在抱枕上单击鼠标右键，弹出快捷菜单，在弹出的快捷菜单中选择【转换为】→【转换为可编辑网格】命令，在浮动面板中单击🖊(实用程序)→【更多…】按钮，弹出【实用程序】对话框。在该对话框中双击【UVW 移除】命令，再在浮动面板中单击【UVW】按钮即可。

步骤 2：将抱枕转换为可编辑多边形。在抱枕上单击鼠标右键，弹出快捷菜单。在弹出的快捷菜单中选择【转换为】→【转换为可编辑多边形】命令即可。

步骤 3：对抱枕进行 UVW 展开。在浮动面板中单击【修改器列表】弹出下拉列表，在弹出的下拉列表中选择【UVW 展开】命令。效果如图 4.17 所示。

 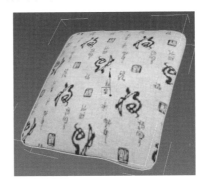

图 4.16　指定材质的抱枕　　　　图 4.17　添加【UVW 展开】命令后的效果

步骤 4：选择抱枕的循环边。在【修改】浮动面板中，切换到 UVW 的边选择状态下，选择如图 4.18 所示的循环边。在场景中选择抱枕的循环边，如图 4.19 所示。

步骤 5：沿选择的边，将 UV 断开。单击【打开 UV 编辑器…】按钮，弹出【编辑 UVW】编辑器。在该编辑器中单击█(断开)按钮即可。

步骤 6：选择抱枕的 UV 面。在【编辑 UVW】编辑器中单击█(按原色 UV 切换选择)按钮，再单击█(多边形)按钮。在【编辑 UVW】编辑器中选择如图 4.20 所示的面。

 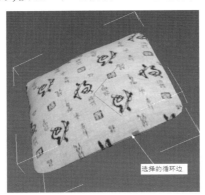 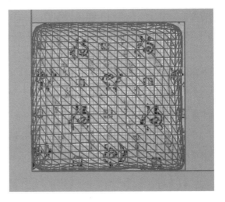

图 4.18　切换到边层级　　　图 4.19　选择抱枕的循环边　　　　图 4.20　选择的面

步骤 7：编辑 UV 面。在【编辑 UVW】编辑器菜单中选择【工具】→【松弛…】命令，弹出【松弛工具】对话框，具体参数设置如图 4.21 所示。单击【开始松弛】按钮，开始对选定的面进行松弛操作。达到要求之后，单击【应用】按钮完成松弛操作。效果如图 4.22 所示。

步骤 8：方法同第 7 步，对抱枕的另一边进行松弛。

(3) 给抱枕收边线添加材质和 UVW 贴图。

步骤 1：给抱枕收边线添加材质。选择抱枕收边线模型，在【材质编辑器】中选择"沙发抱枕材质"，再单击█(将材质指定给选定对象)按钮即可。

　　步骤 2： 给抱枕收边线添加【UVW 贴图】命令。在【修改】浮动面板中单击【修改器列表】，弹出下拉列表，在下拉列表中选择【UVW 贴图】命令即可。设置【贴图】类型为【长方体】。长度、宽度和高度参数具体设置读者需要根据效果而定。抱枕的最终效果如图 4.23 所示。

图 4.21　【松弛工具】对话框

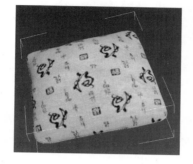
图 4.22　松弛之后的效果

图 4.23　抱枕的最终效果

　　步骤 3： 其他抱枕的材质粗调方法同上，最终效果如图 4.24 所示。

　　提示： 如果对抱枕的材质不满意的话，只要替换材质的贴图即可。如图 4.25 所示，将"抱枕布纹 05.jpg"替换为"抱枕布纹 09.jpg"之后的效果。

图 4.24　所有沙发抱枕效果

图 4.25

　　视频播放： "任务一：对沙发材质进行粗调"的详细介绍，请观看"任务一：对沙发材质进行粗调.mp4"视频文件。

　　任务二：粗调客厅与阳台之间的"隔断"模型的材质

　　隔断与沙发采用同样的材质，材质粗调的方法与沙发基本一致，在这里只介绍隔断曲面材质的调节方法。其他材质请读者参考沙发材质的粗调方法或参考配套视频。

　　隔断曲面粗调材质的具体操作方法如下。

　　步骤 1： 选择隔断模型，将其孤立显示。

　　步骤 2： 打开【材质编辑器】，将木纹材质赋予隔断模型。

　　步骤 3： 创建样条线。进入"隔断外轮廓"对象的"边"编辑模式，选择如图 4.26 所示的循环边。在【修改】浮动面板中单击【利用所选择内容创建图形】按钮，弹出【创建图形】对话框，具体参数设置如图 4.27 所示。单击【确定】按钮即可，如图 4.28 所示。

【任务二：粗调客厅与阳台之间的"隔断"模型的材质】

图 4.26　选择的循环边

图 4.27　【创建图形】对话框

图 4.28　创建的样条线图形

步骤 4：给"隔断外轮廓"模型添加【UVW 展开】修改命令。进入【UVW 展开】的"多边形"层级。选择如图 4.29 所示的面。在【修改】面板中单击【投影】卷展栏参数下的■(平面贴图)按钮，再单击□按钮即可对选定的面进行展 UV。效果如图 4.30 所示。

步骤 5：对"隔断外轮廓"的侧面进行展 UV。选择"隔断外轮廓"的侧面，在【修改】面板中单击【包裹】卷展栏参数下的■(样条线贴图)按钮，弹出【可编辑贴图参数】对话框。在该对话框中单击【拾取样条线】按钮，在场景中单击"隔断 UV 展开样条线"。设置【可编辑贴图参数】对话框参数，具体设置如图 4.31 所示。单击【提交】按钮完成展 UV，如图 4.32 所示。

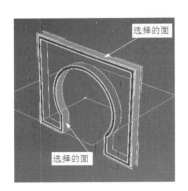

图 4.29　选择内外循环面

图 4.30　展 UV 之后的效果

图 4.31　样条线贴图之后的效果

步骤 6：方法同第 5 步，对"隔断外轮廓"的另一侧样条线先展 UV。

步骤 7：在【修改】面板中单击【打开 UV 编辑器…】按钮，弹出【编辑 UVW】编辑器。在该编辑器中对 UV 进行缩放操作，如图 4.33 所示。调节之后的"隔断外轮廓"材质效果如图 4.34 所示。

步骤 8：对"隔断隔板"进行粗调，具体调节方法与"沙发支架"粗调方法完全相同，在此就不再详细介绍，具体调节方法请参考"沙发支架"的调节方法或参考配套视频。最终效果如图 4.35 所示。

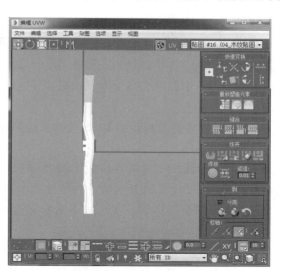

图 4.32　展 UV 之后的效果　　　　　　图 4.33　【编辑 UVW】编辑器

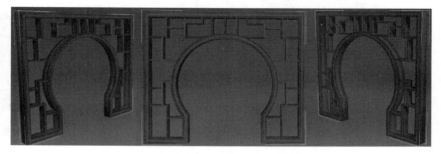

图 4.34　编辑 UVW　　　　　　　　图 4.35　隔断的最终粗调效果
　　　　之后的效果

视频播放："任务二：粗调客厅与阳台之间的'隔断'模型的材质"的详细介绍，请观看"任务二：粗调客厅与阳台之间的'隔断'模型的材质.mp4"视频文件。

任务三：电视柜与酒柜材质粗调

电视柜与酒柜主要有三种材质，木纹材质、铜材质和玻璃材质。在粗调材质阶段玻璃材质只要将材质设置为透明即可。在此以电视柜材质为例进行调节。

1. 制作电视柜和酒柜的材质

电视柜和酒柜的材质主要有木纹材质、门的玻璃材质和拉手材质，各种材质的具体调节如下。

(1) 制作"木纹材质 01"。

步骤 1：打开【材质编辑器】。在工具栏中单击(材质编辑器)按钮即可。

步骤 2：在【材质编辑器】中选择一个空白示例球。命名为"木纹材质 01"，单击【Standard】按钮，弹出【材质/贴图浏览器】对话框，在该对话框中双击【VRayMtl】命令，

159

【任务三：电视柜与酒柜材质粗调】

即可将标准材质切换为 VRayMtl 材质，如图 4.36 所示。

步骤 3：给漫反射添加木纹贴图。单击【漫反射】参数右边的■按钮。弹出【材质/贴图浏览器】对话框，在该对话框中双击【位图】贴图选项，弹出【选择位图图像文件】对话框，在该对话框中选择"木纹 067.jpg"图片。单击【打开】按钮即可。

(2) 制作拉手材质。

步骤 1：打开【材质编辑器】，在【材质编辑器】中选择一个空白示例球，命名为"拉手材质"。

步骤 2：将 Standard 材质转换为 VRayMtl 材质。

步骤 3：设置【漫反射】的颜色为橘红色。单击【漫反射】右边的▭▭▭▭(颜色标签)，弹出【颜色选择器】对话框，在该对话框中设置颜色的 RGB 参数，如图 4.37 所示。

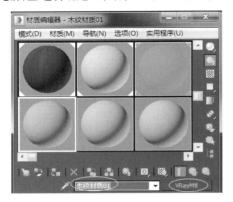

图 4.36　"木纹材质 01"

图 4.37　漫反射颜色

步骤 4：方法同第 3 步，设置【反射】的颜色为淡黄色(R：352，G：166，B：53)。

步骤 5：设置【高光光泽度】为 0.73，使材质不要产生过高的高光，设置【放射光泽度】为 0.87，使材质产生一些磨砂反射的效果，设置【细分】为 30。

步骤 6：在【双向反射分布函数栏】中，设置【各项异性】参数为 0.6，使材质的高光产生拉伸变化效果。

提示：【各项异性】参数值在 0.9 之内，高光效果就会比较尖锐，呈长条状，类似于拉丝的高光效果。

(3) 玻璃材质。

对于玻璃材质来说，通常将【漫反射】设置为纯黑色，因为纯黑色在反射的物体上，尤其是玻璃物体上，产生的反射效果非常干净清晰。

步骤 1：打开【材质编辑器】对话框，选择一个空白示例球命名为"玻璃材质"，并将 Standard 材质转换为 VRayMtl 材质。

步骤 2：将"玻璃材质"的【漫反射】的颜色设置为灰色(RGB 的值都为：196，此值可以根据环境渲染的需要进行适当的调节)。

步骤 3：将"玻璃材质"的【折射】颜色设置为纯白色(RGB 的值都为：255)，并使材质 100%透明。

步骤 4： 调节"玻璃材质"的厚度，通过【折射】中的【烟雾颜色】来控制，在此【烟雾颜色】的设置为(R：224、G：227、B：220)。

2. 将制作好的材质赋予电视柜和酒柜

将调节好的"木纹材质 01""拉手材质"和"玻璃材质"分别赋予电视柜和酒柜。再根据贴图要求给电视柜和酒柜的对象选择【UVW 贴图】命令。贴图方式和参数调节需要根据对象的实际要求进行调节。具体贴图方式和参数调节可以参考前面介绍的给沙发添加"UVW 贴图"的内容来调节。

添加材质和【UVW 贴图】命令之后的电视柜和酒柜的效果如图 4.38 所示。

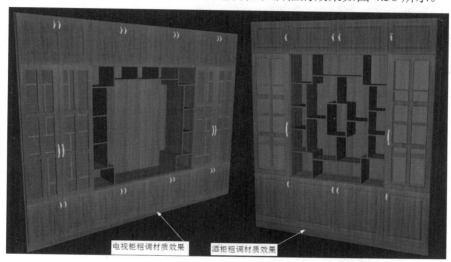

电视柜粗调材质效果　　酒柜粗调材质效果

图 4.38　粗调材质之后的电视柜和酒柜效果

视频播放： "任务三：电视柜与酒柜材质粗调"的详细介绍，请观看"任务三：电视柜与酒柜材质粗调.mp4"视频文件。

任务四：茶几、餐桌椅和边角凳的材质粗调

茶几、餐桌椅和边角凳与沙发具有相同的纹理，在此使用图 4.9 沙发的木纹材质即可。在本任务中只要对茶几、餐桌椅和边角凳进行材质粗调。

1. 茶几材质粗调

茶几材质粗调的主要任务是将"沙发框架纹理"材质赋予茶几，选择【UVW 贴图】命令。根据茶几的纹理选择【UVW 贴图】命令贴图方式和参数设置。具体操作步骤如下。

步骤 1： 选择茶几模型。单击 (孤立当前选择切换)按钮。将选择的茶几孤立显示。

步骤 2： 按键盘上的"4"键，进入"茶几顶面"模型的多边形编辑层级。选择"茶几顶面"模型中镶嵌面的上下面，如图 4.39 所示。

步骤 3： 在【修改】浮动面板中单击【分离】按钮，弹出【分离】对话框，如图 4.40 所示。单击【确定】按钮即可将选择的面分离成一个单独模型对象。

【任务四：茶几、餐桌椅和边角凳的材质粗调】

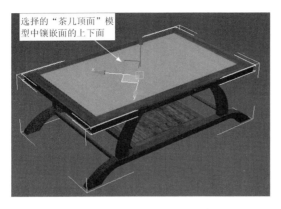

图 4.39 选择"茶几顶面"模型中镶嵌面的上下面

图 4.40 【分离】对话框参数设置

步骤 4：给分离出来的对象选择【UVW 贴图】命令，根据模型的形态选择贴图方式和调节参数，再次选择【平面】贴图方式，具体参数设置和最终效果如图 4.41 所示。

图 4.41 选择【UVW 贴图】命令之后的效果

步骤 5：方法同上，继续对茶几模型进行分离和选择【UVW 贴图】命令操作，最终效果如图 4.42 所示。

2. 餐桌椅和边角凳材质粗调

餐桌椅和边角凳材质粗调的方法和原理与茶几的调节方法相同，材质纹理也一样，在此就不再详细介绍，具体操作读者可以参考配套视频或茶几材质粗调的方法。最终效果如图 4.43 所示。

视频播放："任务四：茶几、餐桌椅和边角凳的材质粗调"的详细介绍，请观看"任务四：茶几、餐桌椅和边角凳的材质粗调.mp4"视频文件。

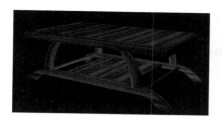

图 4.42　茶几的最终效果

图 4.43　粗调材质的餐桌椅和边角凳

任务五：茶具套装材质粗调

茶具套装材质主要包括茶具的青瓷材质、不锈钢材质和茶色烤漆玻璃材质等。将调节好的材质赋予茶具模型并调节 UV 贴图。

1. 青瓷材质的制作

步骤 1：打开【材质编辑器】对话框，选择一个空白示例球命名为"茶具青瓷材质"，并将 Standard 材质转换为 VRayMtl 材质。

步骤 2：将"茶具青瓷材质"的【漫反射】颜色设置为偏蓝的绿色(R：77、G：125、B：98)。

步骤 3：将"茶具青瓷材质"的【反射】颜色设置为偏绿的颜色(R：203、G：214、B：201)。

步骤 4：其他参数采用默认值。

提示：反射一方面可以使青瓷具有反射的效果；另一方面，在瓷器上最亮的部分会产生带有颜色的高光。为了增强瓷器的质感，不能把【反射】的颜色简单地调节为白色，而是要让它的高光处也带有颜色，这样才能提升整个瓷器的质感。

2. 不锈钢材质

不锈钢材质的特性是具有非常强的反射，它反射的部分和白色的部分会形成一个鲜明的对比。反射强烈的金属并不是只有不锈钢，有一些金属材质的反射效果可能比不锈钢更强，因此，在调节不锈钢材质的时候，要着重注意它的反射强度。不锈钢材质的具体调节方法如下。

步骤 1：打开【材质编辑器】对话框，选择一个空白示例球命名为"不锈钢材质"，并将 Standard 材质转换为 VRayMtl 材质。

步骤 2：将"不锈钢材质"的【漫反射】颜色设置为纯黑色。

步骤 3：将"不锈钢材质"的【反射】颜色设置为纯白色。

步骤 4：取消"不锈钢材质"的【菲涅耳反射】的选中，其他参数采用默认设置即可。

3. 茶色烤漆玻璃材质的制作

茶色烤漆玻璃材质非常具有现代感，具有镜子的特征，但不具有透明度，只是在颜色上与镜子有一些区别，茶色烤漆玻璃其实就是一面有颜色的镜子。

【任务五：茶具套装材质粗调】

步骤 1：打开【材质编辑器】对话框，选择一个空白示例球命名为"茶色烤漆玻璃材质"。

步骤 2：将材质转换为"混合"材质。单击"茶色烤漆玻璃材质"右边的【Standard】按钮弹出【材质/贴图浏览器】对话框，在该对话框中双击【混合】材质即可。

步骤 3：单击【材质 1】右边的按钮，进入【材质 1】面板，将【材质 1】由 Standard 材质转换为 VRayMtl 材质。

步骤 4：【漫反射】的颜色设置为纯黑色，将【反射】的颜色设置为纯白色，取消【菲涅耳反射】的选中，其他参数采用默认值。

步骤 5：单击█(转到父对象)按钮，返回上一层级。

步骤 6：单击【材质 2】右边的按钮，进入【材质 2】面板，将【材质 2】由 Standard 材质转换为 VRayMtl 材质。

步骤 7：【漫反射】的颜色设置为黄色(R：232、G：131、B：0)，将【反射】的颜色设置为灰色(RGB 的值都为：55)，取消【菲涅耳反射】的选中，其他参数采用默认值。

步骤 8：单击█(转到父对象)按钮，返回上一层级。

步骤 9：单击【遮罩】右边的按钮，弹出【材质/贴图浏览器】对话框，在该对话框中双击【位图】材质，弹出【选择位图图像文件】对话框，在该对话中双击"jzdzl.jpg"图片即可。

4. 对茶具模型进行材质粗调

对茶具模型进行材质粗调主要是将制作好的"茶具青瓷材质""不锈钢材质""茶色烤漆玻璃材质"和前面制作的"木纹材质"赋予茶具，并根据实际要求添加"UVW 贴图"。最终效果如图 4.44 所示。具体操作请读者参考配套教学视频。

图 4.44　粗调材质之后的茶具效果

视频播放："任务五：茶具套装材质粗调"的详细介绍，请观看"任务五：茶具套装材质粗调.mp4"视频文件。

任务六：其他材质粗调

其他材质粗调主要包括吊灯、装饰画和吊顶装饰、电视机、窗帘等材质的调节。

1. 吊灯材质粗调

吊灯主要由两种材质组成，一种是 VR-灯光材质，另一种是木纹材质。吊灯灯皮赋予 VR 材质。支架使用木纹材质，具体操作如下。

【任务六：其他材质粗调】

步骤 1：打开【材质编辑器】对话框，选择一个空白示例球命名为"VR 材质"。

步骤 2：将"Standard"材质转换为"VR-灯光材质"材质。单击"VR 材质"右边的【Standard】按钮弹出【材质/贴图浏览器】对话框，在该对话框中双击【VR-灯光材质】命令即可，参数采用默认设置。

步骤 3：将"VR 材质"和"木纹材质 01"材质赋予吊灯，根据实际要求给吊灯的各个模型添加"UVW 贴图"。粗调材质之后的吊灯效果如图 4.45 所示。

步骤 4：方法同上给另外两盏吊灯赋予"VR 材质"和"木纹材质 01"材质，并根据实际要求给吊灯的各个模型添加"UVW 贴图"。

图 4.45　粗调材质之后的吊灯效果

2．装饰画和吊顶装饰材质粗调

装饰画主要有餐厅装饰挂画、沙发装饰挂画、电视背景挂画和阳台隔断挂画。装饰画框材质主要使用前面介绍的"木纹材质 01"材质，装饰画主要使用 VRayMtl 材质。在 VRayMtl 材质的【漫反射】中添加一张图片即可，最终效果如图 4.46 所示。吊顶材质主要使用前面介绍的"沙发木纹材质"，选择【UVW 贴图】命令，根据实际情况调节【UVW 贴图】命令参数即可。最终效果如图 4.47 所示。

图 4.46　粗调材质的装饰画效果

图 4.47　吊顶装饰效果的粗调材质

3．电视机材质的调节

电视机主要由电视机屏幕、电视机主体和支架及电视机标志构成。在此，电视机和支架要采用钢琴烤漆材质，标志主要采用不锈钢材质，屏幕主要通过屏幕材质来模拟。电视机材质的具体制作方法如下。

步骤 1：打开【材质编辑器】对话框，选择一个空白材质示例球并命名为"电视机材质"。

步骤 2：将标准材质切换为"多维/子对象"材质。单击【standard】按钮弹出【材质/贴图浏览器】对话框，在该对话框中双击【多维/子对象】命令即可。

步骤 3：设置材质子对象数量。单击【设置数量】按钮，弹出【设置材质数量】对话框，在该对话框中设置材质数量为 2，单击【确定】按钮即可。

步骤 4：单击 ID 号为"1"的子材质中的【无】按钮。弹出【材质/贴图浏览器】对话框，在该对话框中双击【VRayMtl】命令，即可将 ID 号为"1"的子材质切换为 VRayMtl 材质，将该材质命名为"钢琴烤漆"。

步骤 5：将"钢琴烤漆"材质中的【漫反射】的 RGB 颜色值设置为(R：8、G：8、B：8)。

步骤6： 将"钢琴烤漆"材质中的【反射】的 RGB 颜色值设置为(R：193、G：193、B：193)。设置【高光光泽度】为 0.71、【反射光泽度】为 0.95、【细分】值为 16。其他值采用默认设置。

步骤7： 将 ID 号为"2"的子材质切换为 VRayMtl 材质，并命名为"屏幕"。

步骤8： 将"屏幕"材质中的【漫反射】的 RGB 颜色值设置为(R：2、G：2、B：2)。

步骤9： 将"屏幕"材质中的【反射】的 RGB 颜色值设置为纯白色，也就是 100% 的反射，将【反射光泽度】设置为 0.97，【细分】设置为 8。

步骤10： 将"电视机材质"赋予电视机的主体、支架和屏幕。再将前面制作的"不锈钢"材质赋予电视机的文字标志模型。最终效果如图 4.48 所示。

4. 窗帘材质的制作

窗帘主要由窗帘盒、纱帘和遮阳帘 3 部分组成，窗帘材质的具体制作方法如下。

(1) 纱帘材质的制作。

纱帘又叫作纱质窗帘，通常是指透明或半透明的纱，所以需要使用 VRay 的双面材质进行调节。

步骤1： 打开【材质编辑器】对话框，选择一个空白材质示例球并命名为"纱帘材质"。

步骤2： 将标准材质切换为"VRay2SidedMtl"材质。单击【standard】按钮弹出【材质/贴图浏览器】对话框，在该对话框中双击【VRay2SidedMt】命令，弹出【替换材质】对话框，在该对话框中选择【丢弃旧材质】选项，单击【确定】即可。

步骤3： 单击"正面材质"右边的【无】按钮，弹出【材质/贴图浏览器】对话框，在该对话框中双击【VRayMtl】命令进入"VRayMtl"材质参数面板。

步骤4： 将【漫反射】的颜色设置为灰色(R、G、B 的值都为 255)。

步骤5： 纱帘不具有反射效果，【反射】参数保持默认设置即可，但它具有一定的透明效果，所示要将【折射】的颜色设置为灰色(R、G、B 的值都为 69)，同时将【光泽度】的值设置为 0.7，【细分】值为 50，【折射率】的值为 1。

步骤6： 纱帘的"背面材质"与"正面材质"的参数完全相同，将"正面材质"复制给"背面材质"即可。

步骤7： 将"纱帘材质"赋予窗帘纱模型。

(2) 窗帘布材质。

步骤1： 打开【材质编辑器】对话框，选择一个空白材质示例球并命名为"窗帘遮挡材质"。

步骤2： 将 Standard 材质转换为 VRayMtl 材质。给【漫反射】添加一张如图 4.49 所示的图片，其他参数采用默认设置。

步骤3： 将"窗帘遮挡材质"赋予窗帘布模型，将前面制作的"木纹材质 01"赋予窗帘盒模型。分别给"窗帘布模型"和"窗帘盒模型"选择【UVW 贴图】命令，设置贴图类型为长方体类型，根据实际要求调节参数。最终窗帘效果如图 4.50 所示。

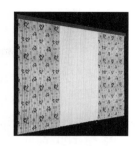

图 4.48　赋予材质的电视机效果　　图 4.49　"窗帘遮挡材质"贴图　　图 4.50　赋予材质的窗帘效果

（3）各种酒瓶及茶叶罐材质。

各种酒瓶及茶叶罐材质的制作方法和参数设置基本相同，只是【漫反射】的贴图图片不同而已。在此，以"将军罐茶叶罐材质"为例进行介绍，其他材质就不再赘述，请读者参考配套教学视频。

步骤 1：打开【材质编辑器】对话框，选择一个空白材质示例球并命名为"将军罐茶叶罐材质"。

步骤 2：将 Standard 材质转换为 VRayMtl 材质。给【漫反射】添加一张如图 4.51 所示的图片，其他参数采用默认设置。

步骤 3：将【反射】设置为纯白色(R、G、B 的值都为 255)，【高光光泽度】的值为 0.84，【反射光泽度】为 1。

步骤 4：将【自发光】的颜色设置为浅黑色(R、G、B 的值都为 18)。

步骤 5：将调节好的材质赋予将军罐茶叶罐模型，最终效果如图 4.52 所示。

步骤 6：其他酒瓶及茶叶罐效果如图 4.53 所示。

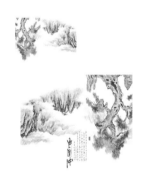

图 4.51　"将军罐茶叶罐材质"的贴图　　图 4.52　最终茶叶罐效果　　图 4.53　酒瓶及茶叶罐效果

视频播放："任务六：其他材质粗调"的详细介绍，请观看"任务六：其他材质粗调.mp4"视频文件。

四、项目小结

本项目主要介绍了室内空间材质粗调的原理、方法、技巧、UVW 贴图、UVW 展开、玻璃材质、陶瓷材质、木纹材质及室内各种材质的粗调注意事项。重点掌握粗调材质的原

167

【项目 2：小结与拓展训练】

理、方法和技巧及 UVW 展开的材质方法。

五、项目拓展训练

根据所学知识，打开"拓展训练客厅、餐厅和阳台.max"文件，对材质进行粗调，调节完毕后保存为"拓展训练客厅、餐厅和阳台材质粗调 ok.max"文件。最终效果如下图所示。

项目 3：参数优化、灯光布置和输出光子图

一、项目预览

项目效果和相关素材位于"第 4 章/项目 3：参数优化、灯光布置和输出光子图"文件夹中。本项目主要介绍优化测试参数、灯光布置和输出光子图。

二、项目效果及制作步骤(流程)分析

项目部分效果图：

【项目 3：基本概况】

本项目制作流程：

任务一：优化渲染参数➡任务二：布置灯光➡任务三：输出光子图

三、项目详细过程

在项目制作过程中需要解决以下几个问题：

(1) 为什么要优化测试参数？

(2) 怎样优化参数？

(3) 怎样布置灯光？灯光布置的基本原则是什么？

(4) 为什么要输出光子图？输出光子图的基本原则是什么？

本项目中光源主要由室外的天光和室内的人工光组成。天光一般采用冷色调；室内的人工光源主要烘托场景气氛，采用偏暖色调的光源。在布置灯光时，先要对场景影响最大的灯光进行布置，再布置对场景影响比较小的灯光。在本项目中对场景影响比较大的是天光，首先要布置天光。布置天光的方法主要有两种，第一种是使用环境光，第二种是使用VRay 面光。

任务一：优化渲染参数

在布置灯光之前首先要对渲染参数进行设置，单击▣(渲染设置)按钮或按 F10 键打开【渲染设置】对话框，在该对话框中主要对【公用】【V-Ray】【GI(间接照明)】选项进行设置。

1. 设置【公用】选项参数

单击【公用】选项按钮，切换到【公用】选项参数设置面板，在该参数面板中设置图片的输出大小，如图 4.54 所示。

在此需要注意图片的尺寸大小的设置，因为它的大小直接关系到最终出图尺寸大小，最终出图的尺寸可以放大到此尺寸的 4 倍。

2. 设置【V-Ray】选项参数

单击【V-Ray】选项按钮，切换到【V-Ray】选项参数设置面板，参数面板的具体设置如图 4.55 所示。

3. 设置【GI】选项参数

单击【GI】选项按钮，切换到【GI】选项参数设置面板，参数面板的具体设置如图 4.56 所示。

图 4.54　【公用】选项参数

视频播放："任务一：优化渲染参数"的详细介绍，请观看"任务一：优化渲染参数.mp4"视频文件。

【任务一：优化渲染参数】

图 4.55 【V-Ray】选项参数

图 4.56 【GI】选项参数

任务二：布置自然光

在该任务中灯光的布置主要包括自然光(天光)和人工光。具体布置方法如下。

图 4.57 灯光参数设置

1. 布置自然光

步骤 1： 在浮动面板中单击 (创建)→ (灯光)→【VR-灯光】按钮，在【前视图】或【左视图】中创建一盏面光源。具体参数设置如图 4.57 所示。

步骤 2： 在视图中调节创建的"平面"灯光的位置，以实例方式再复制一盏，要调节位置并旋转，两盏的具体位置如图 4.58 所示(这两盏天光的位置放置在阳台和厨房窗户的附近)。

2. 布置人工光

人工光的布置主要有灯带和室内照明两处灯光的布置，人工光的布置主要采用暖色调。首先布置灯带的灯光，再布置室内照明灯光。

(1) 灯带的布置。

灯带主要通过给模型赋予 VR-灯光材质来实现。具体操作如下。

步骤 1： 使用【线】命令，在【顶视图】中绘制 3 条闭合的灯带曲线，并设置闭合曲线参数，具体设置如图 4.59 所示。

步骤 2： 调节灯带的位置，具体位置如图 4.60 所示。

【任务二：布置自然光】

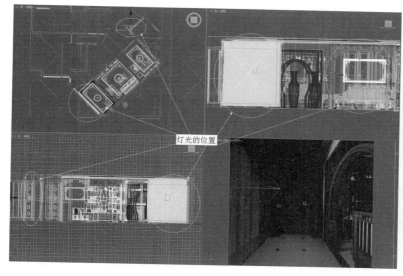

图 4.58　两盏灯光的具体位置

图 4.59　灯光参数设置

步骤 3：打开【材质编辑器】，选择一个空白示例球，并命名为"灯带材质"，将标准材质切换为 VR-灯光材质，具体参数设置如图 4.61 所示。

步骤 4：将灯光材质赋予灯带模型。

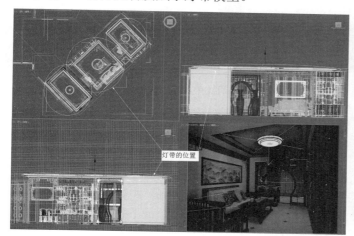

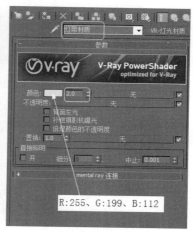

图 4.60　灯带的位置

图 4.61　灯带材质参数

(2) 室内照明灯的创建。

室内照明主要在餐厅、客厅和阳台的上方添加了一盏平面灯光，它的参数完全相同，只是大小不同。

步骤 1：在浮动面板中单击(创建)→(灯光)→【VR-灯光】按钮，在【顶视图】中创建一盏面光源。具体参数设置如图 4.62 所示。

步骤 2：在【前视图】或【左视图】中调节灯光的高度，它的高度与灯带的高度相同。

再以实例方式复制两盏，使用【移动】和【旋转】工具对灯光进行移动和旋转，最终位置如图 4.63 所示。

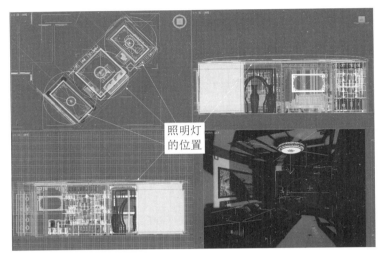

照明灯的位置

图 4.62　照明灯参数　　　　　　　　图 4.63　三盏照明灯的位置

步骤 3：灯光基本布置完毕，最终渲染效果如图 4.64 所示。

图 4.64　布置完灯光之后的效果

视频播放："任务二：布置灯光"的详细介绍，请观看"任务二：布置灯光.mp4"视频文件。

任务三：输出光子图

在上一任务中已将灯光布置完毕，本任务主要是输出光子图，在输出光子图之前需要对【渲染设置】对话框进行设置。再输出光子图。

步骤 1：单击 🖳(渲染设置)按钮或按 F10 键打开【渲染设置】对话框。

步骤 2：选择【公用】选项，切换到【公用】选项参数对话框，设置【输出大小】为1024×768。

步骤 3：选择【GI】选项，切换到【GI】选项参数对话框，具体参数设置如图 4.65 所示。

步骤 4：单击【渲染】按钮，即可渲染输出光子图。输出的光子图效果如图 4.66 所示。

步骤 5：切换摄像机，继续渲染出其他摄像机视图的光子图。

视频播放："任务三：输出光子图"的详细介绍，请观看"任务三：输出光子图.mp4"视频文件。

【任务三：输出光子图】

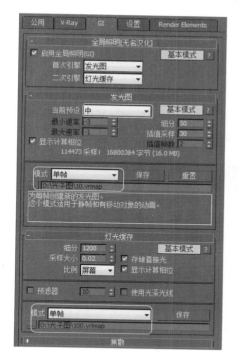

图 4.65　【GI】选项参数设置

图 4.66　输出的光子图效果

四、项目小结

本项目主要介绍了优化渲染参数、布置灯光和输出光子图。重点要掌握灯光布置的原理、基本流程及光子图的作用和输出。

五、项目拓展训练

根据所学知识，打开"拓展训练客厅、餐厅和阳台材质粗调 ok.max"文件，进行灯光布置和输出光子图。最终效果如下图所示。

项目 4：对客厅、餐厅和阳台材质进行细调和渲染输出

一、项目预览

项目效果和相关素材位于"第 4 章/项目 4：对客厅、餐厅和阳台材质进行细调和渲染

【项目 3：小结与拓展训练】　　【项目 4：基本概况】

输出"文件夹中。本项目主要对客厅、餐厅和阳台中的一些材质进行细调及分色图和 AO 图的渲染。

二、项目效果及制作步骤(流程)分析

项目部分效果图:

本项目制作流程:

任务一:调节木纹材质➡任务二:调节"纱帘材质"➡任务三:调节"拉手材质"➡任务四:输出成品图➡任务五:AO 图与分色图的渲染输出

三、项目详细过程

在项目制作过程中需要解决以下几个问题:

(1) 为什么需要细调材质?

(2) 细调材质的原理是什么?

(3) 在细调材质阶段灯光是否可以进行调节?

(4) 在细调材质阶段哪些参数可以调节?

(5) 在对细调材质之后的效果图进行输出时需要调节哪些参数?

(6) 怎样渲染 AO 图和分色图?

任务一:调节木纹材质

1. 设置【渲染设置】参数

在调节木纹材质之前需要重新调节【渲染设置】对话框中的参数,具体调节如下。

步骤 1: 单击 (渲染设置)按钮或按 F10 键打开【渲染设置】对话框。

步骤 2: 单击【V-Ray】选项按钮,切换到【V-Ray】选项参数设置面板。在该参数设置面板中选中【图像过滤器】选项和【光泽效果】选项。

步骤 3: 其他参数采用默认设置即可。

2. 调节木纹材质

木纹材质在室内空间中用得比较多。所以先来细调木纹材质。细调材质的原则是先从对空间影响最大的材质进行调节,以此类推。

步骤 1: 单击 (材质编辑器)按钮,打开【材质编辑器】对话框。

步骤 2: 吸取需要编辑的木纹材质。在【材质编辑器】对话框中选择一个空白示例球,单击 (从对象拾取材质)按钮,在场景中单击赋予了木纹材质的对象。例如,单击"沙发支架"对象即可将"木纹材质 01"拾取出来。

步骤 3: 设置"木纹材质 01"的参数,具体设置如图 4.67 所示。

【任务一:调节木纹材质】

视频播放："任务一：调节木纹材质"的详细介绍，请观看"任务一：调节木纹材质.mp4"视频文件。

任务二：调节"纱帘材质"

步骤 1：吸取需要编辑的"纱帘材质"。在【材质编辑器】对话框中选择一个空白示例球，单击 ✓(从对象拾取材质)按钮，在场景中单击"窗帘纱"对象。

步骤 2：调节"纱帘材质"。具体参数调节如图 4.68 所示。

步骤 3："纱帘材质"的背面材质是以实例方式复制正面材质的。所以在此就不必再调节背面材质。

视频播放："任务二：调节'纱帘材质'"的详细介绍，请观看"任务二：调节'纱帘材质'.mp4"视频文件。

任务三：调节"拉手材质"

步骤 1：吸取需要编辑的"拉手材质"。在【材质编辑器】对话框中选择一个空白示例球，单击 ✓(从对象拾取材质)按钮，在场景中单击任意一个门的"拉手"对象。

步骤 2：调节"拉手材质"。具体参数调节如图 4.69 所示。

图 4.67　"木纹材质 01"参数设置　　图 4.68　"纱帘材质"参数设置　　图 4.69　"拉手材质"参数设置

视频播放："任务三：调节'拉手材质'"的详细介绍，请观看"任务三：调节'拉手材质'.mp4"视频文件。

任务四：输出成品图

在进行成品图输出的时候，需要对一些有缺陷的地方进行再次认真检查调节。例如，对于暗部光照不足的地方还可以进行补光操作。在本项目中已经进行了检查，灯光已经合理，不再需要进行补光操作，可以进行成品输出。

步骤 1：单击 (渲染设置)按钮或按 F10 键打开【渲染设置】对话框。

【任务二：调节"纱帘材质"】　　【任务三：调节"拉手材质"】　　【任务四：输出成品图】

步骤 2：选择【公用】选项按钮切换到【公用】参数设置面板。设置输出尺寸宽为 3072mm、高为 2034mm。

步骤 3：设置输出成品的保存位置和格式。在【公用】参数选项面板中单击【文件…】按钮，弹出【渲染输出文件】对话框，在该对话框中设置输出成品图的位置、文件名和文件格式，文件格式设置为"*.tga"格式。

步骤 4：单击【V-Ray】选项按钮切换到【V-Ray】选项参数面板，在【图像采样器(抗锯齿)】卷展栏中设置类型为【自适应细分】。选中【图像过滤器】选项，过滤器类型选择【Catmull-Rom】。

步骤 5：单击【渲染】按钮。

步骤 6：切换摄像机，方法同上，设置保存路径、文件名和格式继续渲染成品图。最终渲染的效果如图 4.70 所示。

图 4.70　最终渲染的成品图

视频播放："任务四：输出成品图"的详细介绍，请观看"任务四：输出成品图.mp4"视频文件。

任务五：AO 图与分色图的渲染输出

在效果图后期处理过程中，只通过一张成品图不可能解决所有问题。要想制作一张完美的效果图，需要分色图、AO 图和成品图进行灵活应用才能高效完成最终效果图的制作。

1. 分色图的渲染输出

分色图是指将每个对象形成单独的色块图片，颜色比较夸张，【自发光】的值为 100，这样方便使用分色图为物体创建选区。

步骤 1：由于制作分色图的过程会对文件造成损坏，需要另存文件，将文件另存为"分色图.max"。

步骤 2：为了避免渲染的成品图被覆盖，需要将【渲染设置】对话框中的【公用】参数选项中的【保存文件】选项取消选中。

步骤 3：确保"分色图"的尺寸与成品图的尺寸保持一致，所以，在进行渲染分色图时，不要修改输出文件的尺寸大小。

步骤 4：单击【V-Ray】选项按钮切换到【V-Ray】选项参数面板，在【颜色贴图】卷展览中设置【类型】为"线性倍增"。

步骤 5：选择【GI】选项切换到【GI】参数选项面板，在该参数面板中，取消【启用全局照明(GI)】选中。

步骤 6：删除场景中的所有灯光。

【任务五：AO 图与分色图的渲染输出】

步骤 7：在浮动面板中单击 (使用程序)→【MAXScript】按钮，打开其卷展栏，单击【运行脚本】按钮，弹出【编辑器文件】对话框，找到配套素材中的 "random color.mzp" 脚本，单击【打开(O)】按钮。

步骤 8：在【实用程序】下再次选择 "random color" 项。再单击【Apply】按钮，弹出【MAXScript】对话框，单击【是(Y)】按钮即可。此时，场景就变成如图 4.71 所示的效果。

步骤 9：单击 (渲染产品)按钮即可渲染出分色图，将其保存为 "*.tga" 格式。

步骤 10：切换【摄像机视图】，继续渲染分色图。最终渲染出来的分色图如图 4.72 所示。

图 4.71　运行脚本之后的场景效果

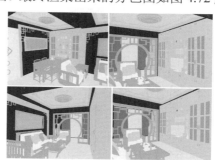

图 4.72　分色图效果

2. AO 图的渲染输出

在渲染的场景中通常会有类似墙角、转折等位置，这些位置光线很难照到，因此，会出现变暗的现象，称为光阻尼。在进行 VRay 渲染时，这类细节并不能完全表现出来，这时，可以通过 AO 图来模拟这种现象。

AO 图与分色图在渲染的参数设置上完全相同。参数设置请读者按分色图渲染参数进行设置。与分色图不同之处在于，分色图是通过运行脚本来实现，而 AO 图通过【VR 污垢】贴图来实现。

AO 图渲染输出的具体操作如下。

步骤 1：打开【材质编辑器】对话框。在该面板中选择一个空白示例球并命名为 "AO 材质"。

步骤 2：将标准材质切换为 VR-灯光材质。单击【Standard】按钮，弹出【材质/贴图浏览器】对话框，在该对话框中双击【VR-灯光材质】命令即可。

步骤 3：单击【颜色】右边的【无】按钮，弹出【材质/贴图浏览器】对话框，在该对话框中双击弹出【VR-污垢】命令即可添加【VR-污垢】贴图。

步骤 4：设置【VR-污垢】贴图参数。设置【半径】值为 90mm，【细分】值为 20。

步骤 5：打开【渲染设置】对话框，在该对话框中单击【V-Ray】选项按钮，切换到【V-Ray】参数选项面板。在该选项参数设置中选中【覆盖材质】选项。

步骤 6：将【AO 材质】拖拽到【覆盖材质】选项右边的【无】按钮上，弹出【实例(副本)材质】对话框，在该对话框中选择【实例】选项，单击【确定】按钮即可。

步骤 7：单击 (渲染产品)按钮即可渲染出 A0 图像，将其保存为 "*.tga" 格式。

步骤 8：切换【摄像机视图】，继续渲染 AO 图像。最终渲染出来的 AO 图像如图 4.73 所示。

图 4.73　最终渲染的 AO 图像

视频播放："任务五：AO 图与分色图的渲染输出"的详细介绍，请观看"任务五：AO 图与分色图的渲染输出.mp4"视频文件。

四、项目小结

本项目主要介绍了木纹材质、纱帘材质、拉手材质的细调及输出"成品图""AO 图""分色图"的渲染输出。重点掌握 AO 图与分色图渲染输出的相关设置。

五、项目拓展训练

根据所学知识，打开"拓展训练客厅、餐厅和阳台灯光布置图.max"文件，并另存为"拓展训练客厅、餐厅和阳台 AO 图与分色图的渲染.max"，根据所学知识将拓展训练客厅、餐厅和阳台的 AO 图和分色图渲染输出。最终效果如图所示。

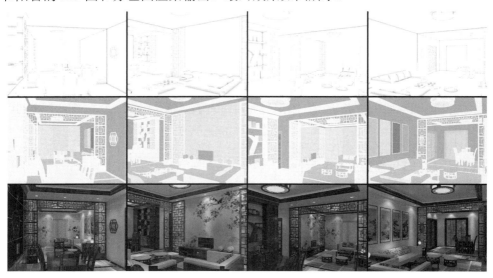

项目 5：对客厅、餐厅和阳台进行后期合成处理

一、项目效果预览

项目效果和相关素材位于"第 4 章/项目 5：对客厅、餐厅和阳台进行后期合成处理"文件夹中。本项目主要对客厅、餐厅和阳台进行后期处理。

【项目 4：小结与拓展训练】　　【项目 5：基本概况】

二、项目效果及制作步骤(流程)分析

项目部分效果图：

本项目制作流程：

任务一：后期合成处理的基础知识➡任务二：客厅成品图的后期处理➡任务三：餐厅和阳台成品图的后期处理

三、项目详细过程

在项目制作过程中需要解决以下几个问题：

(1) 后期处理的原则。

(2) 后期处理的基本流程。

(3) 在后期处理中主要用到了哪些色彩调整命令？

(4) 蒙版使用的原理、方法及技巧。

任务一：后期合成处理的基础知识

后期合成处理是将 3ds Max 输出的成品图进行二次编辑。后期合成处理主要使用 Photoshop 软件对成品图的整体或局部的亮度、亮度对比度、色彩平衡、合成成品及后期特效等相关操作。后期处理可以使成品图更加精彩，对成品图质量的进一步提升起到至关重要的作用。

后期处理主要用到 Photoshop 的选区工具、图层叠加、调色工具，以及 AO 图和分色图的综合应用。

1. Photoshop 的选区工具

选区是指需要处理的区域，编辑命令只对所选择区域内的内容起作用，而选择区域以外的内容不受影响，这样可以对图像的局部进行调节。调节完成之后，按 Ctrl＋D 组合键即可取消选区。

提示：为了不影响观察的视觉效果，可以按 Ctrl＋H 组合键或选择菜单栏中的【视图】→【显示额外内容】命令将选区的虚线框隐藏。

反向是指将选择的区域进行反选。按 Shift＋Ctrl＋I 组合键或选择菜单栏中的【选择】→【反向】命令即可。

羽化是指将选区内外衔接的部分进行虚化处理来达到自然衔接的效果。羽化的数值越大，选择的边界越柔和，边界过渡效果越好，否则选区边界越明显。

【任务一：后期合成处理的基础知识】

Photoshop 的选区工具主要包括矩形选择工具、套索工具、模板工具和钢笔工具 4 种。具体操作参考配套视频素材。

2. 图层及叠加方式

图层是 Photoshop 非常重要的功能，图层可以单独对独立的选区进行调节而不影响其他图层上的内容。

对图层的操作主要包括改变图层的顺序、选择、隐藏、显示、移动、缩放和旋转等。

图层的叠加是后期效果图处理中常用的一种方式，Photoshop 软件为用户提供了很多种叠加方式，常用的主要有正片叠加、叠加和滤色等几种。各种图层的叠加方式的具体介绍请读者参考配套素材中的视频。

3. 调色工具与调整层

在进行后期效果图处理中，要对画面的亮度、颜色、明暗等效果进行处理，需要用到调整图层菜单中的一系列命令。在菜单栏中选择【图像】→【调整】命令，弹出二级子菜单，在二级子菜单中包括了所有图像调整命令，将鼠标移到需要使用的命令上即可。

图像调整的命令比较多，常用的主要有【亮度/对比度】【色阶】【曲线】【色彩平衡】【色相/饱和度】【阴影/高光】【调整层】等命令。这些常用命令的主要作用如下。

(1)【亮度/对比度】：主要用来控制画面的亮度与对比度。

(2)【色阶】：主要用来调节画面中像素的明暗排列。

(3)【曲线】：主要用来调节画面的亮度、颜色和对比度。

(4)【色彩平衡】：主要根据颜色的补色原理来调节图像中的颜色偏差。使用该命令可以单独对图像中的阴影、中间调和高光区域进行颜色偏差处理。

(5)【色相/饱和度】：主要用来调节画面中颜色的倾向、饱和度及明度。

(6)【阴影/高光】：主要作用是将图像中暗部的一些细节调节出来。

(7)【调整层】：调整层的最大好处是可以对调色工具进行二次调节。也可以通过调整层的蒙版控制图像的局部操作。

各种调色工具与调整层的具体操作请参考配套素材中的视频。

视频播放："任务一：后期合成处理的基础知识"的详细介绍，请观看"任务一：后期合成处理的基础知识.mp4"视频文件。

任务二：客厅成品图的后期处理

在前面的项目中，从客厅的三个不同的角度进行渲染。在这里只对某一个角度的成品图处理进行介绍，其他两张成品的处理请读者参考配套素材中的视频。

步骤 1：启动 Photoshop 软件，打开客厅的成品图、AO 图和分色图。如图 4.74 所示。

步骤 2：新建一个名为"客厅后期效果图.psd"文件。选择客厅的成品图按 Ctrl＋A 组合键全选。再按 Ctrl＋C 组合键复制所选图像。在菜单栏中选择【文件】→【新建】命令，弹出【新建】对话框，具体设置如图 4.75 所示，单击【确定】按钮即可。

步骤 3：按 Ctrl＋V 组合键将客厅成品粘贴到新建的文件中。按 Ctrl＋S 组合键保存新建的文件。

【任务二：客厅成品图的后期处理】

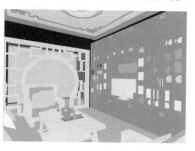

图 4.74 客厅的成品图、AO 图和分色图

步骤 4：将客厅的"客厅分色图"复制到新建文件中。选择客厅的分色图按 Ctrl＋A 组合键全选。再按 Ctrl＋C 组合键复制所选图像。单击"客厅后期效果图.psd"文件使其成为当前文件。按 Ctrl＋V 组合键将文件粘贴到当前文件中，图层叠放顺序如图 4.76 所示。

图 4.75 【新建】对话框参数设置　　　　　　图 4.76 图层叠放顺序

步骤 5：调节图像的亮度/对比度。单击【图层】面板下的 (创建新的填充或调整图层)按钮，弹出快捷菜单，在弹出的快捷菜单中选择【亮度/对比图…】命令即可添加一个【亮度/对比图…】调整图层。具体参数设置如图 4.77 所示。

步骤 6：调节图像的色相/饱和度。单击【图层】面板下的 (创建新的填充或调整图层)按钮，弹出快捷菜单，在弹出的快捷菜单中选择【色相/饱和度…】命令即可添加一个色相/饱和度调整图层。具体参数设置如图 4.78 所示。图层面板如图 4.79 所示。

图 4.77 【亮度/对比图…】参数设置　　　　　图 4.78 【色相/饱和度…】参数设置

步骤 7：选择 图层。在工具栏中单击 ➤(魔棒工具)，设置魔棒工具的【融差】值为 10，选中【连续】选项。在图像编辑区的客厅天花处单击即可选择如图 4.80 所示的区域。

图 4.79　图层面板

图 4.80　图像的选择区域

步骤 8：在【图层】面板中单击 ▪▪▪▪ 图层，将当前图层切换到 ▪▪▪▪ 图层。按 Ctrl＋C 组合键复制选择区域，再按 Ctrl＋V 组合键复制粘贴的选择区域。调节好图层的顺序，如图 4.81 所示。

步骤 9：调节复制图层的色彩平衡使其偏向暖色。选择复制的图层，在菜单栏中选择【图像】→【调整】→【色彩平衡…】命令，弹出【色彩平衡】对话框，对话框的具体参数设置如图 4.82 所示，单击【确定】按钮完成色彩平衡调节，效果如图 4.83 所示。

图 4.81　复制的图层

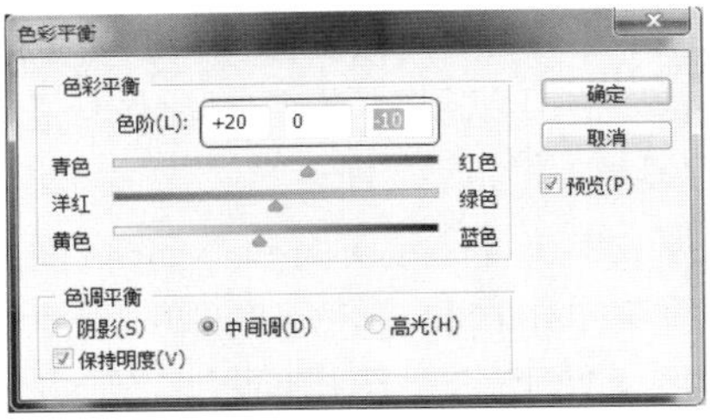

图 4.82　【色彩平衡】参数设置

图 4.83　调节之后天花效果

步骤 10：合并图层。选择 ▪▪▪▪客厅分色图 以上的所有图层，按 Ctrl＋E 组合键，合并所有选择的图层，如图 4.84 所示。

步骤 11：将 ▪▪▪客厅成品图 图层复制一个副本图层，如图 4.85 所示。

步骤 12：单击【图层面板】下的 ▢(添加图层面板)按钮即可给复制的副本图层添加一个蒙版，如图 4.86 所示。

步骤 13：切换打开的 AO 图像，按 Ctrl＋A 组合键全选，再按 Ctrl＋V 组合键复制选择的区域。

步骤 14：切换到"客厅后期效果图.psd"文件，按住 Alt 键的同时单击图层中的"蒙版区"，按 Ctrl＋V 组合键，将复制的 AO 图像粘贴到"蒙版区"。如图 4.87 所示。

图 4.84　图层面板

图 4.85　复制的副本图层

图 4.86　添加蒙版的图层

步骤 15：按 Ctrl＋I 组合键，使"蒙版"反向。设置图层的叠加方式为"正片叠底"，不透明度为 50%，如图 4.88 所示。最终图像效果如图 4.89 所示。

图 4.87　图层面板

图 4.88　图层叠加方式

图 4.89　图像的最终效果

步骤 16：选中除"背景"图层之外的所有图层，按 Ctrl＋E 组合键合并所选图层。

步骤 17：单击工具栏中的 ⊏(裁剪工具)，框选图像，按住 Shift＋Alt 组合键的同时，将鼠标移到裁剪的任意一个角上按住鼠标左键进行拖动，拖拽出需要的选区，如图 4.90 所示。

步骤 18：按 Enter 键，完成选区的扩展。如图 4.91 所示。

步骤 19：选择合并的图层。在菜单栏中选择【编辑】→【描边(S)…】命令，弹出【描边】对话框，在该对话框中设置"宽度"为 4 个像素，颜色为灰色(R、G、B 的值都为 160)。单击【确定】按钮即可，如图 4.92 所示。

图 4.90　框选出来的区域

图 4.91　扩展之后的效果

图 4.92　"描边"之后效果

提示：客厅成品图的另两个角度后期处理之后的效果，如图 4.93 所示。具体操作与上面的操作基本相同，请读者参考配套素材中的视频。

图 4.93　另两个角度后期处理之后的效果

视频播放："任务二：客厅成品图的后期处理"的详细介绍，请观看"任务二：客厅成品图的后期处理.mp4"视频文件。

任务三：餐厅和阳台成品图的后期处理

餐厅成品图的后期处理主要是对亮度/对比度、色彩平衡、暗部细节及部分细节处理，具体操作如下。

步骤 1：启动 Photoshop 软件。打开餐厅的成品图、AO 图和分色图。

步骤 2：将餐厅的成品图另存为"餐厅后期效果图 001.psd"。在菜单栏中选择【文件(F)】→【存储为(A)…】命令，弹出【存储为】对话框，在该对话框中设置好文件保存的位置，设置文件名为"餐厅后期效果图 001"，保存格式为"*.psd"。单击【保存(S)】按钮即可。

步骤 3：在【图层】面板中双击■■■图层。弹出【新建图层】对话框，具体设置如图 4.94 所示。单击【确定】按钮即可将■■■图层重命名并解锁操作，如图 4.95 所示。

步骤 4：右击【图层】面板下的 ◑.(创建新的填充或调整图层)按钮，弹出快捷菜单，在弹出的快捷菜单中选择【亮度/对比度…】命令即可添加一个亮度/对比度调整图层。具体参数设置和【图层】面板如图 4.96 所示。

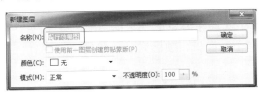

图 4.94　【新建图层】参数设置

图 4.95　【图层】面板效果

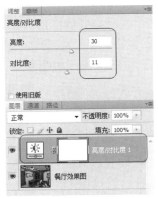

图 4.96　参数设置和【图层】面板

【任务三：餐厅和阳台成品图的后期处理】

步骤 5：将餐厅的分色图复制粘贴到"餐厅后期效果图 001.psd"文件中，放置在  图层之下并设置为当前图层。

步骤 6：在工具栏中选择 ＼(魔棒工具)，在图像编辑区单击餐厅的天花处选择餐厅的天花区，如图 4.97 所示。

步骤 7：在【图层】面板中选择 图层。按 Ctrl＋C 组合键复制选区。再按 Ctrl＋V 组合键，将复制的选区粘贴到文件中。

步骤 8：【图层】面板下的 ◎.(创建新的填充或调整图层)按钮，弹出快捷菜单，在弹出的快捷菜单中选择【色彩平衡…】命令即可添加一个色彩平衡调整图层。

步骤 9：按住 Alt 键不放的同时，将鼠标移到【色彩平衡 1】图层与 图层之间单击，即可将"色彩平衡 1"图层与 图层产生关联。此时，调节"色彩平衡 1"调整层只对 图层产生影响。具体参数调节及图层面板如图 4.98 所示。

图 4.97　选区效果

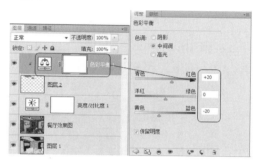

图 4.98　色彩平衡参数及图层

步骤 10：选择所有图层，按 Ctrl＋E 组合键将所有图层合并，如图 4.99 所示。

步骤 11：右击【图层】面板下的 ◎.(创建新的填充或调整图层)按钮，弹出快捷菜单，在弹出的快捷菜单中选择【曲线…】命令即可添加一个曲线调整图层。

图 4.99　图层面板

步骤 12：曲线调整图层的具体调节如图 4.100 所示。最终效果如图 4.101 所示。

步骤 13：合并所有图层，并将合并的图层再复制一个副本图层，如图 4.102 所示。

图 4.100　曲线参数调节

图 4.101　图像效果

步骤 14：单击【图层面板】下的(添加图层面板)按钮即可给复制的副本图层添加一个蒙版。

步骤 15：按住 Alt 键的同时单击【图层蒙版缩览区】，进入蒙版编辑层级。将"餐厅 AO 图"粘贴到蒙版区。再按 Ctrl＋I 组合键将蒙版反向。设置蒙版调整层为"正片叠底"。具体设置如图 4.103 所示，效果如图 4.104 所示。

图 4.102　图层面板

图 4.103　图层设置

步骤 16：合并所有图层。给最后效果添加框边和描边，具体操作参考前面任务二的操作。最终效果如图 4.105 所示。

图 4.104　添加蒙版之后的效果

图 4.105　餐厅最终效果图

提示：阳台的后期效果的处理，在这里就不再详细介绍，读者可以参考配套素材视频或前面的操作方法。

视频播放："任务三：餐厅和阳台成品图的后期处理"的详细介绍，请观看"任务三：餐厅和阳台成品图的后期处理.mp4"视频文件。

四、项目小结

本项目主要介绍了后期效果图处理的基础知识、客厅、餐厅和阳台后期效果图处理的方法及技巧。在本项目中重点要求掌握后期效果处理的基本原理、流程及方法和技巧。

五、项目拓展训练

根据所学知识，对拓展训练客厅、餐厅和阳台的成品图进行后期处理。最终效果如下图所示。

【项目 5：小结与拓展训练】

第5章
卧室装饰模型设计

技能点

项目 1：床头柜装饰模型的制作

项目 2：床装饰模型的制作

项目 3：台灯和吊灯装饰模型的制作

项目 4：床尾电视柜装饰模型的制作

项目 5：卧室装饰模型的制作

说 明

本章主要通过 5 个项目全面介绍卧室装饰中各种模型、装饰模型的建模原理及技巧。

教学建议课时数

一般情况下需要 20 课时，其中理论 6 课时，实际操作 14 课时(特殊情况可做相应调整)。

　　人的一生中三分之一的时间都在卧室当中度过，卧室与一个人的身体健康与好的睡眠有密切的关系，所以卧室是家装设计当中的主要设计空间。卧室一般有两种分类方法：第一种按主次关系分为主卧室、次卧室和兼用卧室；第二种按居住人的年龄分为主卧室、儿童房、老人房和客房。主卧室一般放置双人床；次卧室(老人房或儿童房)则以单人床为多，供子女和老人使用；兼用卧室(客房)一般兼做居室、工作室并供客人使用。

　　在本章中主要介绍一个中式主卧室的制作。中式卧室装饰设计融合了庄重和优雅的品质，讲求空间的层次感，运用简洁的直线线条装饰空间，材料上采用木构架的形式，不仅体现出中式装饰内敛、质朴的风格，也表现出现代人对简单生活的向往、对回归自然的渴望。本章的项目素模效果如下图所示。

　　卧室家具设计的基础造型主要包括枕头、床、床罩、床头柜、衣柜、梳妆台和休闲茶几等，为了方便初学者学习和理解，首先学习单独制作枕头、床、床罩、床头柜、衣柜、梳妆台和休闲茶几等造型，并保存为线架文件，接着学习制作模型，最后将它们合并渲染输出即可。

项目 1：床头柜装饰模型的制作

一、项目预览

　　项目效果和相关素材位于"第 5 章/项目 1：床头柜装饰模型的制作"文件夹中。本项目主要介绍床头柜装饰模型的制作原理方法和技巧。

二、项目效果及制作步骤(流程)分析

　　项目部分效果图：

189

【项目 1：基本概况】

本项目制作流程：

任务一：床头柜主体模型的制作➡任务二：床头柜门和拉手的制作

三、项目详细过程

在项目制作过程中需要解决以下几个问题：

(1) 怎样快速地创建需要的模型？

(2) 在制作前一定要设置单位。

(3) 为什么要进入模型的顶点编辑模式调节模型的大小？

任务一：床头柜主体模型的制作

床头柜主体模型的制作比较简单，主要通过对基本几何体的编辑来制作。具体制作方法如下。

步骤1： 启动3ds Max 2016，将其保存为"床头柜模型.max"。

步骤2： 设置单位。在菜单栏中选择【自定义(U)】→【单位设置(U)…】命令，弹出【单位设置】对话框，设置对话框参数，具体设置如图5.1所示。单击【确定】按钮即可。

步骤3： 在【创建命令】面板中单击【长方体】按钮，在【顶视图】中创建一个长方体，具体参数设置如图5.2所示。

步骤4： 将创建的"床头柜主体侧面01"模型转换为可编辑多边形。将鼠标移到模型上，单击鼠标右键弹出快捷菜单。在弹出的快捷菜单中选择【转换为：】→【转换为可编辑多边形】即可。

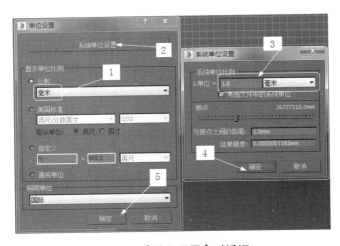

图5.1 【单位设置】对话框

图5.2 长方体参数设置

步骤5： 在浮动面板中单击▦(边)按钮，切换到模型的边编辑模式。选择模型的所有边。单击【切角】按钮右边的▦(设置按钮)，弹出【切角】参数设置快捷方式，具体参数设置如图5.3所示。单击☑按钮完成切角处理。

【任务一：床头柜主体模型的制作】

步骤 6：将制作好的"床头柜主体侧面 01"模型复制 4 份，使用【旋转】和【移动工具】对复制的模型进行移动和旋转对位，并进入模型的"顶点"编辑模式调节顶点的位置，最终效果如图 5.4 所示。

步骤 7：在【创建命令】面板中单击【平面】按钮，在【前视图】中创建一个平面，作为床头柜的背面，如图 5.5 所示。

图 5.3　切角参数设置

视频播放："*任务一：床头柜主体模型的制作*"的详细介绍，请观看"任务一：床头柜主体模型的制作.mp4"视频文件。

任务二：床头柜门和拉手的制作

步骤 1：继续复制 4 份模型，使用【旋转】和【移动工具】对复制的模型进行移动和旋转对位，并进入模型的"顶点"编辑模式调节顶点的位置，最终效果如图 5.6 所示。

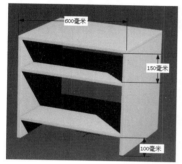

图 5.4　床头柜主体模型

图 5.5　床头柜背面

图 5.6　床头柜门

步骤 2：在浮动面板中单击【圆柱体】按钮，在【前视图】中创建一个圆柱体，具体参数设置如图 5.7 所示。

步骤 3：将"抽屉拉手"模型转换为可编辑多边形。在浮动面板中单击■(边)按钮，切换到模型的边编辑模式。

步骤 4：选择需要进行切角的边。单击【切角】按钮右边的■(设置按钮)，弹出【切角】参数设置快捷方式，【切角】的参数设置和切角效果如图 5.8 所示。单击☑按钮完成切角处理。

步骤 5：将制作好的"抽屉拉手"模型复制两个，并命名为"床头柜左门拉手"和"床头柜右门拉手"。

步骤 6：使用【移动工具】调节好位置，最终效果如图 5.9 所示。

视频播放："*任务二：床头柜门和拉手的制作*"的详细介绍，请观看"任务二：床头柜门和拉手的制作.mp4"视频文件。

【任务二：床头柜门和拉手的制作】

图 5.7　抽屉拉手参数

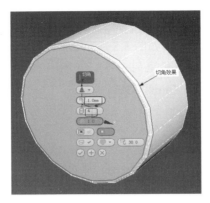

图 5.8　切角效果和参数设置

图 5.9　床头柜拉手效果

四、项目小结

本项目主要介绍了床头柜模型制作的原理、方法和技巧。重点要求掌握怎样快速制作床头柜效果。

五、项目拓展训练

根据所学知识，制作下图所示的床头柜模型。

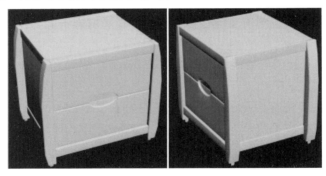

项目 2：床装饰模型的制作

一、项目预览

项目效果和相关素材位于"第 5 章/项目 2：床装饰模型的制作"文件夹中。本项目主要介绍床装饰模型制作的原理、方法、技巧及注意事项。

【项目 1：小结与拓展训练】　　【项目 2：基本概况】

二、项目效果及制作步骤(流程)分析

项目部分效果图：

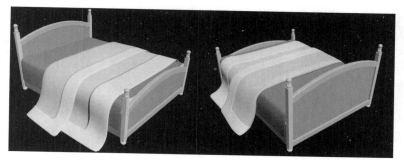

本项目制作流程：

任务一：制作床的床头➡任务二：制作床的床尾、侧板和床垫➡任务三：床单和被子模型的制作

三、项目详细过程

在项目制作过程中需要解决以下几个问题：

(1)【ProBoolean】修改器命令的作用和使用方法。

(2)【MassFX 工具栏】中的各个工具的作用和使用方法。

(3)【刚体】与【mCloth】碰撞的原理及相关参数设置。

(4)【弯曲】修改器命令的作用和使用方法。

任务一：制作床的床头

在该项目中主要制作一个中式双人床，床的整个宽度为 1800mm、长为 2300mm。具体制作方法如下。

1. 制作床头竖支架

床头竖支架主要分上装饰、中支架和下脚架三部分。

(1) 制作床头竖支架上装饰。

步骤 1：启动 3ds Max 软件，保存名为"床.max"文件。

步骤 2：在【创建命令】面板中单击【球体】按钮，在【顶视图】中创建一个半径为 35mm 的球体。

步骤 3：方法同上，在【顶视图】中再创建一个半径为 35mm 的球体和 2 个半径为 30mm 的球体。

步骤 4：在【前视图】中对半径为 30mm 的两个球体进行 Y 轴向上的适当压缩。调节好位置，如图 5.10 所示。

步骤 5：选择最上方的一个球体，单击【创建命令】面板中 标准基本体 列表，弹出下拉列表，在弹出的下拉列表中选择【复合对象】命令，切换到【复合对象】命令面板。在该面板中单击【ProBoolean】按钮，选择该命令的运算方式为【并集】，再单击【开始拾取】

【任务一：制作床的床头】

按钮，在场景中依次单击其他三个球体。最终效果如图 5.11 所示。

步骤 6：将布尔运算之后的对象转换为可编辑多边形。删除多余的面，最终效果如图 5.12 所示。

图 5.10　创建的 4 个球体

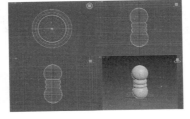

图 5.11　布尔运算之后的效果

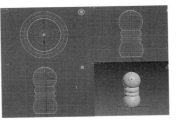

图 5.12　编辑之后的效果

(2) 制作床头竖支架的中间部分。

步骤 1：在【创建命令】面板中单击【长方体】按钮，在【顶视图】中创建一个长方体。具体参数设置如图 5.13 所示。

步骤 2：将创建的长方体模型转换为可编辑多边形。单击■(边)按钮进入边编辑模式，选择长方体的所有边。单击【切角】按钮右边的【设置】图标，弹出【切角】参数设置对话框，参数具体设置和效果如图 5.14 所示。单击✅按钮完成切角操作。

图 5.13　长方体参数设置

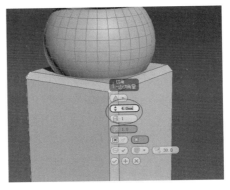

图 5.14　切角效果和参数设置

(3) 制作床头竖支架的脚支架。

步骤 1：在【创建命令】面板中单击【球体】按钮，在【顶视图】中创建一个半径为 35mm 的球体。

步骤 2：将创建的球体转换为可编辑多边形。在浮动面板中单击 修改器列表 ▼列表，弹出下拉列表，在弹出的下拉列表中选择【FFD2×2×2】命令。

步骤 3：进入【FFD2×2×2】命令的"控制点"编辑模式。使用【缩放】命令对"控制点"进行缩放操作，如图 5.15 所示。

步骤 4：再一次将模型转换为可编辑多边形。进入可编辑多边形模型的"顶点"编辑模式对顶点进行缩放操作。再进入【多边形】编辑模式，删除多余的面。最终效果如图 5.16 所示。

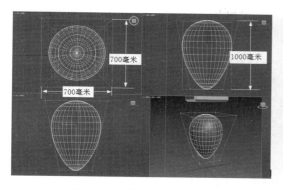

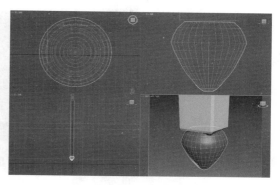

图 5.15　缩放之后的效果　　　　图 5.16　编辑之后的效果

2.　创建床头横支架和床头板

步骤 1：在【创建命令】面板中单击【长方体】按钮，在【前视图】创建一个长方体，具体参数如图 5.17 所示。

步骤 2：将创建的长方体转换为可编辑多边形。进入"边"编辑模式。选择需要进行切角的边。单击【切角】按钮右边的【设置】按钮，弹出【切角】参数设置，具体设置如图 5.18 所示。单击 按钮完成切角操作。

图 5.17　长方体参数

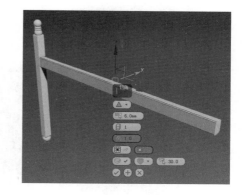

图 5.18　切角效果

步骤 3：在浮动面板中单击 列表，弹出下拉列表，在弹出的下拉列表中选择【弯曲】命令。【弯曲】命令的参数设置如图 5.19 所示，效果如图 5.20 所示。

步骤 4：将弯曲之后的"床头横支架上"模型转换为可编辑多边形。

步骤 5：方法同上，创建"床头横支架下"模型，该模型不需要添加【弯曲】命令。

步骤 6：将前面创建的"床头竖支架"复制一份，调节位置，最终效果如图 5.21 所示。

步骤 7：在【创建命令】面板中单击【长方体】按钮，在【前视图】中创建一个长方体，具体参数如图 5.22 所示。

步骤 8：将创建的"床头板"转换为可编辑多边形。进入"顶点"编辑模式，调节顶点的位置，最终效果如图 5.23 所示。

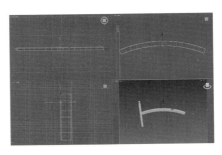

图 5.20 添加【弯曲】命令之后效果

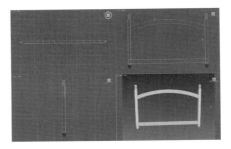

图 5.19 弯曲参数

图 5.21 复制并调节好位置之后效果

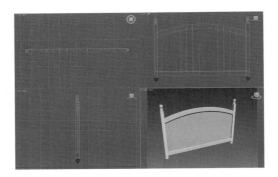

图 5.22 床头板参数设置

图 5.23 调节好之后的床头板效果

视频播放: "任务一:制作床的床头"的详细介绍,请观看"任务一:制作床的床头.mp4"视频文件。

任务二:制作床的床尾、侧板和床垫

1. 制作床的床尾

床的床尾制作方法与床头制作方法完全相同,只是中间支架比床头中间支架短一点。

【任务二:制作床的床尾、侧板和床垫】

此床尾中间支架的高度为 700mm。其他的支架复制床头模型并重新命名即可。最终效果如图 5.24 所示。

2．制作床的侧板

床的侧板制作方法很简单，在【创建命令】面板中单击【长方体】按钮，在【左视图】中创建 2 个长方体，具体参数如图 5.25 所示。

3．制作床垫

床垫具体制作方法如下。

步骤 1： 在【创建命令】面板中单击 标准基本体 列表，弹出下拉列表，在弹出的下拉列表中选择【扩展基本体】命令，切换到【扩展基本体】命令面板。

步骤 2： 在【扩展基本体】命令面板中单击【切角长方体】按钮。在【顶视图】中创建一个切角长方体。具体参数设置如图 5.26 所示。

步骤 3： 调节好位置，床的最终效果如图 5.27 所示。

图 5.24　床的床尾效果

图 5.25　床侧板
参数

图 5.26　床垫参数

图 5.27　床的最终效果

视频播放："任务二：制作床的床尾、侧板和床垫"的详细介绍，请观看"任务二：制作床的床尾、侧板和床垫.mp4"视频文件。

任务三：床单和被子模型的制作

床单和被子模型的制作，主要通过【MassFX 工具栏】中的【mCloth】和【刚体】模拟碰撞得到。具体制作方法如下。

【任务三：床单和被子模型的制作】

1. 制作床单

步骤 1： 在浮动面板中单击【平面】按钮，在【顶视图】中创建一个平面，具体参数设置如图 5.28 所示。

步骤 2： 在工具栏中单击鼠标右键，弹出快捷菜单，在弹出的快捷菜单中选择【MassFX工具栏】命令，打开【MassFX 工具栏】面板。

步骤 3： 选择"床单"模型，在【MassFX 工具栏】面板中单击▇(将选定对象设置为mCloth 对象)。在浮动面板中设置【mCloth】参数，具体设置如图 5.29 所示。其他参数采用默认设置。

步骤 4： 在【创建命令】面板中单击 标准基本体 ▼列表，弹出下拉列表，在弹出的下拉列表中选择【扩展基本体】命令，切换到【扩展基本体】命令面板。

步骤 5： 在【扩展基本体】命令面板中单击【切角长方体】按钮。在【顶视图】中创建一个切角长方体。具体参数设置如图 5.30 所示

图 5.28　床单参数设置　　图 5.29　【mCloth】参数设置　　图 5.30　创建的刚体模型参数

步骤 6： 在【MassFX 工具栏】面板中单击▇(将选定对象设置为静态刚体)按钮。

步骤 7： 在【MassFX 工具栏】面板中单击▇(开始模拟)按钮，开始碰撞模拟。观察场景中的效果，如果达到要求之后，再次单击▇(开始模拟)按钮完成模拟。效果如图 5.31所示。

步骤 8： 给模拟出来的床单添加一个【壳】命令，具体参数设置如图 5.32 所示。

步骤 9： 再给模拟出来的床单添加一个【网格平滑】命令。将【网格平滑】命令的【迭代次数】设置为 2。

步骤 10： 将床单模型转换为可编辑多边形。最终效果如图 5.33 所示。

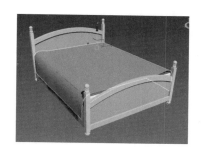

图 5.31　模拟碰撞之后的效果

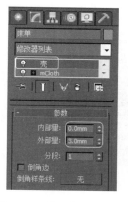

图 5.32　【壳】命令参数

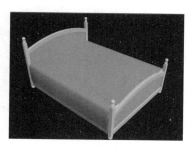

图 5.33　模拟好的床单效果

2. 被子模型的制作

被子模型的制作与床单模型的制作方法和思路基本一致，只是在模拟之前给模型添加了一个【FFD3×3×3】命令，调节了模型的初始形态。具体制作方法如下。

步骤 1：在浮动面板中单击【平面】按钮，在【顶视图】中创建一个平面，具体参数设置如图 5.34 所示。

步骤 2：单击"被子"模型，添加一个【FFD4×4×4】命令。调节修改"控制点"，如图 5.35 所示。

步骤 3：将调节好形态的"被子"模型转换为可编辑多边形。

步骤 4：在【MassFX 工具栏】面板中单击 (将选定对象设置为 mCloth 对象)。给"被子"模型添加【mCloth】命令。具体参数设置如图 5.36 所示。

图 5.34　"被子"模型参数

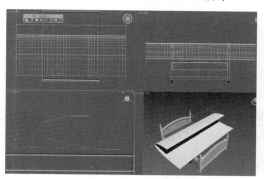

图 5.35　调节"控制点"的效果

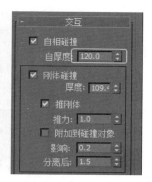

图 5.36　【mCloth】命令参数

步骤 5：再创建一个立方体放置在水平位置，并添加【静态刚体】命令，作为地面碰撞对象，如图 5.37 所示。

步骤 6：在【MassFX 工具栏】面板中单击 (开始模拟)按钮，开始碰撞模拟。观察场景中的效果，达到要求之后，再次单击 (开始模拟)按钮完成模拟。效果如图 5.38 所示。

步骤 7： 给模拟好的"被子"模型添加一个【壳】命令。具体参数设置如图 5.39 所示。

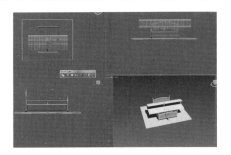

图 5.37　创建立方体

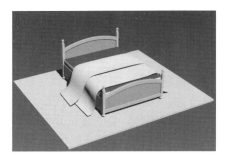

图 5.38　模拟之后的效果

图 5.39　【壳】参数

步骤 8： 将模拟好的"被子"模型转换为可编辑多边形，进入"多边形"编辑模式，选择如图 5.40 所示的面。

步骤 9： 将选择面的"材质 ID"号设置为 2，并对选择的面进行挤出，挤出方式为"局部法线"，挤出量为 2mm。连续挤出两次。

步骤 10： 再给"被子"模型添加一个【网格平滑】命令。设置采用默认参数。效果如图 5.41 所示。

步骤 11： 再次将"被子"模型转换为可编辑多边形。删除前面创建的"刚体"模型。显示出"床单"，最终效果如图 5.42 所示。

图 5.40　选择的面

图 5.41　添加【网格平滑】命令之后效果

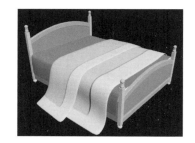

图 5.42　最终效果

　　视频播放："任务三：床单和被子模型的制作"的详细介绍，请观看"任务三：床单和被子模型的制作.mp4"视频文件。

四、项目小结

本项目主要介绍了制作床的床头、床尾、侧板、床垫、床单和被子模型的方法、原理和技巧。重点要求掌握各种修改器命令和动力学制作床单和被子模型的方法与技巧。

五、项目拓展训练

根据所学知识，制作床和被子的效果，最终效果如下图所示。

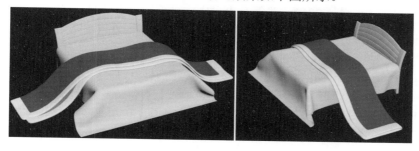

项目 3：台灯和吊灯装饰模型的制作

一、项目预览

项目效果和相关素材位于"第 5 章/项目 3：台灯和吊灯装饰模型的制作"文件夹中。本项目主要介绍中式台灯和吊灯装饰模型的制作。

二、项目效果及制作步骤(流程)分析

项目部分效果图：

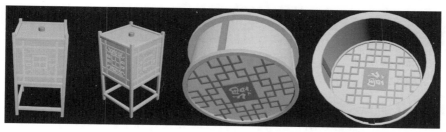

本项目制作流程：

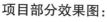
任务一：中式台灯的制作➡任务二：中式吊灯的制作

三、项目详细过程

在项目制作过程中需要解决以下几个问题：

(1) CAD 图纸的导入和使用。

(2) 【布尔】命令的作用和使用方法。

(3) 【对齐】命令的作用和灵活使用。

【项目 2：小结与拓展训练】　【项目 3：基本概况】

(4) 台灯和吊灯的基本尺寸及制作思路。

任务一：中式台灯的制作

中式台灯主要通过创建基本几何体和绘制二维线相结合的方法来制作。

1. 制作中式台灯的支架

中式台灯的支架制作非常简单，主要通过创建立方体并进行适当编辑完成。

步骤1： 启动3ds Max 2016。并保存为"中式台灯.max"文件。

步骤2： 在【创建命令】面板中单击【长方体】按钮，在【顶视图】中创建一个长方体，具体参数设置如图5.43所示。

步骤3： 将创建的"台灯腿01"转换为可编辑多边形。在浮动面板中单击▇(边)按钮，进入边编辑模式。选择"台灯腿01"的所有边。

步骤4： 单击【切角】右边的【设置】按钮，弹出【切角】参数设置面板，具体设置如图5.44所示。单击✅按钮完成切角处理。

步骤5： 将创建好的"台灯腿01"复制3个。

步骤6： 方法同上，再在【顶视图】中创建一个长方体模型，具体参数设置如图5.45所示。

图5.43　"台灯腿01"
　　　　参数设置

图5.44　【切角】参数设置

图5.45　长方体参数设置

步骤7： 方法同上，将创建的长方体转换为可编辑多边形，并进行切角处理。

步骤8： 将"台灯横支架01"再复制11个，使用【移动】和【旋转】工具调节好位置。最终效果如图5.46所示。

2. 中式台灯的装饰面制作

中式台灯的装饰面制作主要通过导入CAD图纸，再进行挤出即可。具体操作如下。

步骤1： 导入CAD图纸。在菜单栏中选择 ▇ → ▇导入 → ▇导入 将外部文件中的对象导入到3ds Max中 命令，弹出【选择要导入的文件】对话框，在该对话框选择"中式台灯支架面.dwg"文件，选择【打开(O)】命令，弹出对话框，该对话框采用默认设置，单击【确定】按钮即可将CAD文件导入，如图5.47所示。

【任务一：中式台灯的制作】

步骤 2：导入的 CAD 图纸为样条线。单击▓(顶点)按钮，进入"顶点"编辑模式，框选 CAD 图纸中的所有顶点。单击【焊接】按钮即可将相连的顶点合并。

步骤 3：给焊接好的 CAD 图纸添加一个【挤出】命令。设置【挤出】命令挤出数量为 5mm，再将其转换为可编辑多边形。效果如图 5.48 所示。

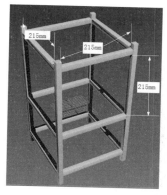
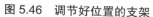

图 5.46　调节好位置的支架

图 5.47　导入 CAD 图纸

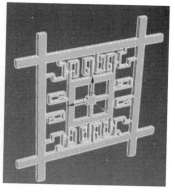

图 5.48　制作好的装饰面效果

步骤 4：将制作好的装饰面再复制 3 个，调节好位置，最终效果如图 5.49 所示。

3．中式台灯的灯罩和灯泡座制作

步骤 1：在【创建命令】面板中单击【长方体】按钮，在【顶视图】中创建一个长方体并命名为"灯罩"，长方体的长、宽和高的值为 230mm。

步骤 2：将创建的"灯罩"转换为可编辑多边形。将其底部的面删除并调节好位置，最终效果如图 5.50 所示。

步骤 3：单击【切角圆柱体】按钮，在【顶视图】中创建一个切角圆柱体并命名为"灯泡座"。

步骤 4："灯泡座"的半径为 15mm、高度为 20mm、圆角为 1mm，调节好位置，最终效果如图 5.51 所示。

图 5.49　调节好位置的装饰面效果

图 5.50　灯罩效果

图 5.51　灯泡座

视频播放："任务一：中式台灯的制作"的详细介绍，请观看"任务一：中式台灯的制作.mp4"视频文件。

任务二：中式吊灯的制作

中式吊灯的制作主要是通过 CAD 图纸和 3ds Max 的基本几何体相结合来制作。

1. 制作中式吊灯的顶面装饰

步骤 1：导入 CAD 图纸。在菜单栏中选择 ▩→ 导入 → 导入 命令，弹出【选择要导入的文件】对话框，在该对话框中选择"吊灯装饰面.dwg"文件，选择【打开(O)】命令，弹出对话框，该对话框采用默认设置，单击【确定】按钮即可将 CAD 文件导入，如图 5.52 所示。

步骤 2：将导入的 CAD 图纸进行冻结处理，开启顶点捕捉。在浮动面板中单击【线】按钮，在【顶视图】中根据 CAD 图纸绘制闭合曲线，如图 5.53 所示。

步骤 3：给绘制的闭合曲线添加【挤出】命令，挤出的数量为 5mm。将挤出的多边形转换为可编辑多边形，效果如图 5.54 所示。

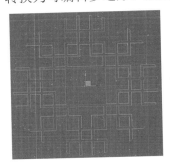

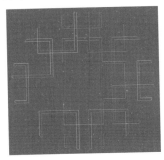

图 5.52　导入的 CAD 图纸　　　图 5.53　绘制的闭合曲线　　　图 5.54　挤出后的效果

步骤 4：在浮动面板中单击【文本】按钮，设置好参数，具体设置如图 5.55 所示。

步骤 5：在【顶视图】中单击即可创建一个"福"字。给"福"字添加一个【挤出】命令，挤出数量为 12mm。调节好位置，如图 5.56 所示。

步骤 6：将"福"字转换为可编辑多边形。在【复合对象】面板中单击【布尔】按钮，设置操作方式为 差集(B-A)。单击【拾取操作对象 B】按钮，再在场景中单击与"福"字交叉的对象即可，如图 5.57 所示。

步骤 7：将布尔之后的对象转换为可编辑多边形，并将其他对象附加为一个对象。命名为"吊灯顶面装饰"。

2. 制作中式吊灯支架

中式吊灯支架制作非常简单，使用 3ds Max 的基本几何体通过适当编辑即可。

步骤 1：在【创建命令】面板中单击【管状体】按钮，在【顶视图】中创建一个管状体并命名为"中式吊灯框架 01"，具体参数设置如图 5.58 所示。

图 5.55　文本参数

【任务二：中式吊灯的制作】

图 5.56　创建的"福"字

图 5.57　布尔之后的效果

步骤 2：将"中式吊灯框架 01"转换为可编辑多边形。进入"边"编辑模式，选择 4 条环形边，单击【切角】右边的【设置】按钮，弹出参数设置动态框，具体参数设置和效果如图 5.59 所示。单击☑按钮完成切角操作。

步骤 3：方法同上，再创建一个管状体，具体参数设置如图 5.60 所示。

图 5.58　管状体参数设置

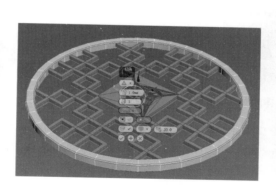

图 5.59　切角效果和参数设置

图 5.60　管状体参数设置

步骤 4：方法同上，将创建的"中式吊灯框架 02"转换为可编辑多边形，并进行切角处理。

步骤 5：在【创建命令】面板中单击【圆柱体】按钮，在【顶视图】中创建一个管状体并命名为"灯罩"，具体参数设置如图 5.61 所示。

步骤 6：将"吊灯灯罩"转换为可编辑多边形。进入"多边形"编辑模式，将顶面删除，最终效果如图 5.62 所示。

步骤 7：在【创建命令】面板中单击【长方体】按钮，在【顶视图】中创建一个长方体并命名为"吊灯竖支架 01"，具体参数设置如图 5.63 所示。

步骤 8：将创建的"吊灯竖支架 01"模型再复制 3 个，并调节位置。最终效果如图 5.64 所示。

图 5.61 吊灯灯罩参数设置

图 5.62 灯罩效果

图 5.63 长方体的参数设置

图 5.64 吊灯的最终效果

视频播放:"任务二:中式吊灯的制作"的详细介绍,请观看"任务二:中式吊灯的制作.mp4"视频文件。

四、项目小结

本项目主要介绍了中式台灯和中式吊灯的制作思路、方法及技巧。重点要掌握灵活使用各种修改器命令制作中式台灯和中式吊灯的思路和方法。

五、项目拓展训练

根据所学知识,制作中式台灯和中式吊灯,最终效果如下图所示。

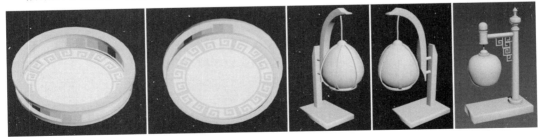

【项目3:小结与拓展训练】

项目 4：床尾电视柜装饰模型的制作

一、项目预览

项目效果和相关素材位于"第 5 章/项目 4：床尾电视柜装饰模型的制作"文件夹中。本项目主要介绍床尾电视柜装饰模型的原理、方法及技巧。

二、项目效果及制作步骤(流程)分析

项目部分效果图：

本项目制作流程：

任务一：床尾电视柜框架 ➡ 任务二：床尾电视柜门的制作

三、项目详细过程

在项目制作过程中需要解决以下几个问题：

(1) 了解床尾电视柜的常用尺寸。

(2) 中式花纹制作的原理、方法和技巧。

(3)【倒角剖面】作用和使用方法及注意事项。

(4)【对齐】命令灵活使用。

任务一：床尾电视柜框架

床尾电视柜框架的制作比较简单，主要通过 3ds Max 的基本几何体与 CAD 图纸相结合来制作。

1. 制作床尾电视柜框架

步骤 1：启动 3ds Max 2016，并保存为"床尾电视柜.max"文件。

步骤 2：设置 3ds Max 2016 的单位。单位设置参考本章"项目 1"中的设置。

步骤 3：在【创建命令】面板中单击【长方体】按钮，在【顶视图】中创建一个长方体，具体参数设置如图 5.65 所示。

步骤 4：将创建的"床尾电视柜顶面"复制两个，并重命名为"床尾电视柜横隔板 01"和"床尾电视柜横隔板 02"，将"长度"的值改为：380mm。

步骤 5：再单击【长方体】按钮。在【顶视图】中创建一个长方体，具体参数设置如图 5.66 所示。

【项目 4：基本概况】

【任务一：床尾电视柜框架】

图 5.65　"床尾电视柜顶面"参数设置　　　　图 5.66　"床尾电视柜侧板 01"参数设置

步骤 6：将"床尾电视柜侧板 01"复制一个，选择【对齐】命令进行对齐，调节位置后，效果如图 5.67 所示。

步骤 7：在【创建命令】面板中单击【平面】按钮。在【前视图】中创建一个平面并命名为"床尾电视柜背面"(长度：800mm、宽度：3540mm)。最终效果如图 5.68 所示。

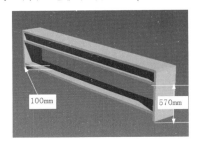

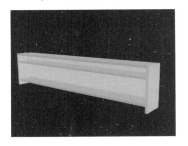

图 5.67　"床尾电视柜"框架效果　　　　　图 5.68　添加背面的效果

步骤 8：单击【长方体】按钮。在【顶视图】中创建一个长方体，具体参数设置如图 5.69 所示。

步骤 9：将创建的"床尾电视柜竖隔板 01"复制 8 个，调节好位置，最终效果如图 5.70 所示。

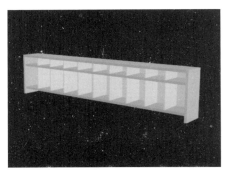

图 5.69　竖板参数设置　　　　　图 5.70　竖板调节好位置的效果

2.　制作框架装饰花纹

框架装饰花纹主要通过对二维线进行轮廓和挤出来制作。具体制作如下。

步骤 1：在浮动面板中单击【图形】→【线】按钮，在【前视图】中绘制如图 5.71 所示的曲线(单位：mm)。

步骤 2：在【修改】浮动面板中【轮廓】按钮右边文本输入框中输入 2.5，按 Enter 键，即可得到如图 5.72 所示的效果。

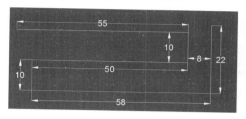

图 5.71　曲线的形态和尺寸

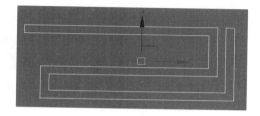

图 5.72　轮廓之后的效果

步骤 3：给轮廓之后的对象添加一个【挤出】命令，挤出的数量为 2.5mm。效果如图 5.73 所示。

步骤 4：将挤出的效果转换为可编辑多边形，并复制 56 个。最终效果如图 5.74 所示。

图 5.73　挤出之后的效果

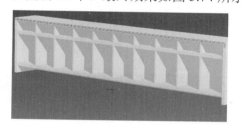

图 5.74　复制并调节好位置后的效果

步骤 5：继续复制，并使用【移动】【捕捉】【旋转】工具对复制的对象进行调节。最终效果如图 5.75 所示。

步骤 6：沿"床尾电视柜框架"的外边框绘制如图 5.76 所示的闭合曲线。

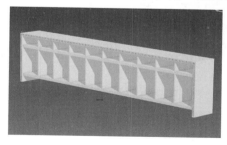

图 5.75　复制并调节好位置的装饰花纹

图 5.76　绘制闭合曲线

步骤 7：对绘制的闭合曲线进行轮廓处理，轮廓为－5mm。

步骤 8：给轮廓之外的曲线添加【挤出】命令。【挤出】命令的挤出数量为 2.5mm。

步骤9：将挤出轮廓先转换为可编辑多边形，并将前面的装饰花纹合并成一个对象，命名为"床尾电视柜装饰花纹"。最终效果如图 5.77 所示。

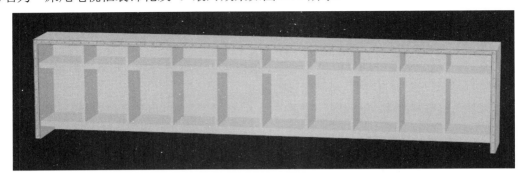

图 5.77　最终的装饰花纹效果

视频播放："任务一：床尾电视柜框架"的详细介绍，请观看"任务一：床尾电视柜框架"视频文件。

任务二：床尾电视柜门的制作

床尾电视柜门的模型制作在这里就不再详细介绍，请读者参考第 3 章中电视柜门的制作方法。在这里我们只要导入电视柜的门，进入电视柜门的"顶点"编辑模式进行调节即可。制作完毕之后床尾电视柜门和抽屉门的效果如图 5.78 所示。读者也可以参考配套素材中的教学视频。

图 5.78　最终床尾电视柜效果

视频播放："任务二：床尾电视柜门的制作"的详细介绍，请观看"任务二：床尾电视柜门的制作.mp4"视频文件。

四、项目小结

本项目主要介绍了床尾电视柜装饰模型的制作原理、方法及技巧。重点要求掌握床尾电视柜的常用尺寸、中式花纹的制作，并且能够灵活地使用【倒角剖面】和【对齐】命令。

【任务二：床尾电视柜门的制作】　　　　【项目 4：小结与拓展训练】

五、项目拓展训练

根据所学知识，制作床尾电视柜模型，最终效果如下图所示。

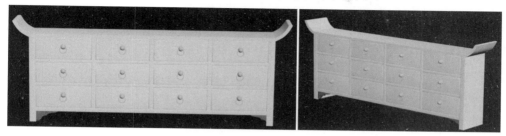

项目 5：卧室装饰模型的制作

一、项目预览

项目效果和相关素材位于"第 5 章/项目 5：卧室装饰模型的制作"文件夹中。本项目主要介绍卧室装饰模型的制作。

二、项目效果及制作步骤(流程)分析

项目部分效果图：

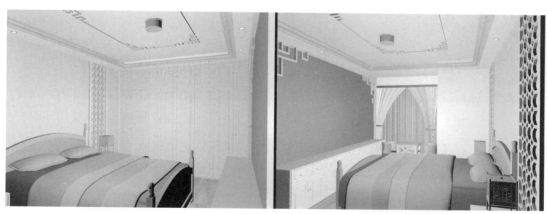

本项目制作流程：

任务一：卧室天花吊顶➡任务二：制作隔断装饰柜➡任务三：制作床头装饰➡任务四：床尾墙面装饰框制作➡任务五：筒灯的制作➡任务六：窗帘盒和窗帘的制作➡任务七：卧室家具的调用布置

三、项目详细过程

在项目制作过程中需要解决以下几个问题：

(1) CAD 图纸的导入。

【项目 5：基本概况】

(2)【放样】命令的作用、使用方法及技巧。

(3)【ProBoolean】命令的作用和使用方法。

(4) 可编辑多边形中的【挤出】【切角】【插入】的灵活使用。

任务一：卧室天花吊顶

卧室天花吊顶的制作比较简单，主要通过对闭合的二维曲线进行放样来制作。具体制作方法如下。

1. 制作天花吊顶板

步骤 1：打开前面已经制作好的墙体模型，另存为"卧室装饰设计素模.max"。

步骤 2：创建两个目标摄像机，如图 5.79 所示。创建两个摄像机的目的是通过两个不同的角度观察制作效果，摄像机具体调节方法请参考配套教学素材。

步骤 3：在【创建命令】面板中选择【图形】→【线】命令，在【顶视图】中沿着墙体的内边创建一条闭合曲线，命名为"闭合曲线 01"。

步骤 4：单击"闭合曲线 01"中的▇(样条线)按钮，在【修改】浮动面板中的【轮廓】按钮右边的文本输入框中输入"300mm"，按 Enter 键得到如图 5.80 所示的轮廓线效果。

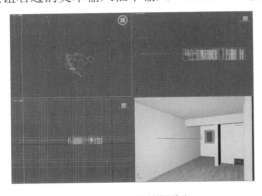

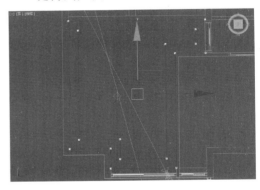

图 5.79　架设的摄像机　　　　　　　　图 5.80　轮廓线效果

步骤 5：在【修改】面板中单击▇(顶点)按钮，进入顶点编辑模式。选择内侧样条线中多余的顶点，单击【修改】面板中的【删除】按钮，将多余的顶点删除，再调节好顶点的位置，最终效果如图 5.81 所示。

步骤 6：给闭合的轮廓线添加一个【挤出】命令，挤出的数量为 80mm，将挤出的对象转换为可编辑多边形并命名为"天花吊顶板"。位置如图 5.82 所示。

2. 制作天花吊顶装饰框

天花吊顶装饰框的制作原理是对二维闭合曲线进行放样。

步骤 1：在【创建命令】面板中选择【图形】→【线】命令，在【顶视图】中沿着墙体的内边创建一条闭合曲线，命名为"闭合曲线 02"。

步骤 2：在【创建命令】面板中选择【图形】→【矩形】命令，在【前视图】中创建一个矩形(长度：80mm、宽度：160mm)。

【任务一：卧室天花吊顶】

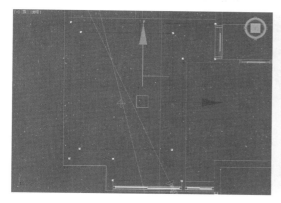 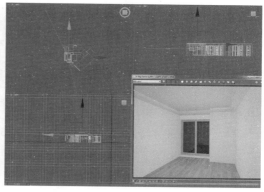

图 5.81　调节好位置的轮廓样条线　　　图 5.82　天花吊顶板的位置和效果

步骤 3：将创建的矩形转换为可编辑样条线，进入样条线的顶点编辑模式。调节顶点的位置，得到如图 5.83 所示的效果。

步骤 4：切换到【复合对象】浮动面板，选择前面创建的"闭合曲线 02"，在浮动面板中单击【放样】→【获取图形】按钮，在场景中单击调节好形态的矩形即可。

步骤 5：将放样的对象转换为可编辑对象，命名为"吊顶装饰框"，调节好位置，最终效果如图 5.84 所示。

3. 制作天花吊顶中式木框

"天花吊顶中式木框"主要通过导入 CAD 图纸，并根据 CAD 图纸绘制闭合曲线，对闭合曲线进行挤出来制作。

步骤 1：将"中式木框 CAD 图纸"导入场景中，在【顶视图】中调节位置，如图 5.85 所示。

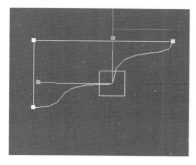  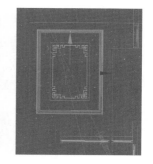

图 5.83　调节之后的效果　　　　图 5.84　吊顶装饰框效果　　　图 5.85　导入的 CAD 图纸

步骤 2：在【创建命令】面板中选择【图形】→【线】命令，在【顶视图】中沿着 CAD 图纸绘制闭合曲线。最终绘制的闭合曲线如图 5.86 所示。

步骤 3：给绘制的闭合曲线添加【挤出】命令，挤出的数量为 40mm，将挤出的对象转换为可编辑多边形，将所有挤出的对象合并成一个对象，命名为"天花吊顶中式木框"，如图 5.87 所示。调节好位置，最终效果图 5.88 所示。

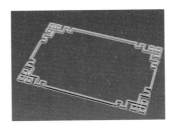

图 5.86　绘制的闭合曲线　　　图 5.87　挤出的效果　　　图 5.88　调节好位置的效果

视频播放："任务一：卧室天花吊顶"的详细介绍,请观看"任务一：卧室天花吊顶.mp4"
视频文件。

任务二：制作隔断装饰柜

隔断装饰柜的制作,主要通过对基本几何体进行编辑和调节来完成。具体制作方法如下。

步骤 1：在【创建命令】面板中单击【长方体】按钮,在【顶视图】中创建一个立方体,具体参数设置如图 5.89 所示。

步骤 2：将创建的"隔断装饰柜"转换为可编辑多边形。选择正面的所有面,单击【插入】按钮,弹出【插入】参数面板,具体参数设置和效果如图 5.90 所示。

步骤 3：再对进行插入的面进行挤出操作,挤出的数值为"-50mm"。最终效果如图 5.91 所示。

步骤 4：在【创建命令】面板中单击【长方体】按钮,在【顶视图】中创建两个立方体,大小位置如图 5.92 所示。

步骤 5：使用【复合对象】面板中的【ProBoolean】命令进行布尔差集运算,最终效果如图 5.93 所示。

图 5.89　设置立方体参数

图 5.90　参数设置和效果　　　　　　　图 5.91　挤出之后的效果

步骤 6：制作隔断的门。隔断的门在此就不再详细介绍,直接将第 3 章中电视柜的门导入并进行适当修改即可。具体操作请读者参考配套教学视频。最终效果如图 5.94 所示。

【任务二：制作隔断装饰柜】

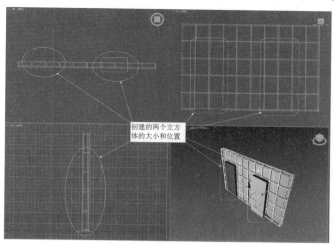

图 5.92　创建的两个立方体

图 5.93　布尔运算之后的效果

图 5.94　隔断柜门的最终效果

视频播放："任务二：制作隔断装饰柜"的详细介绍，请观看"任务二：制作隔断装饰柜.mp4"视频文件。

任务三：制作床头装饰

窗棂造型的制作主要是通过创建一个平面并对平面进行编辑来制作。

步骤 1：在【创建命令】面板中单击【平面】按钮，在【左视图】中创建一个平面，具体参数设置如图 5.95 所示。

步骤 2：将创建的"窗棂花纹"转换为可编辑多变形。进入顶点编辑模式，选择除边缘以外的所有顶点。在【修改】浮动面板中单击【切角】右边的【设置】按钮，弹出切角参数设置浮动框，具体参数设置和效果如图 5.96 所示。单击☑按钮完成切角操作。

步骤 3：进入"窗棂花纹"的多边形编辑模式，选择所有的面，单击【插入】右边的【设置】按钮，弹出参数设置浮动面板，参数设置和效果如图 5.97 所示，单击☑按钮完成插入操作。

215

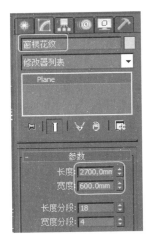
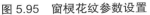

图 5.95　窗棂花纹参数设置

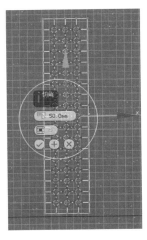

图 5.96　切角参数和效果

图 5.97　插入参数和效果

步骤 4： 按 Delete 键删除插入的面。再框选剩下的所有面，单击【挤出】命令右边的【设置】按钮，弹出参数设置浮动面板，参数设置和效果如图 5.98 所示，单击☑按钮完成挤出操作。

步骤 5： 将制作好的"窗棂花纹"模型复制一个。

步骤 6： 在【创建命令】面板中单击【平面】按钮，在【左视图】中创建一个平面，具体参数设置如图 5.99 所示。

步骤 7： 将"床头装饰框"转换为可编辑多边形。进入顶点编辑模式，在【左视图】中调节顶点的位置，具体调节位置如图 5.100 所示。

步骤 8： 进入"床头装饰框"多边形编辑模式，在【修改】浮动面板中单击【插入】按钮右边的【设置】按钮，弹出参数设置浮动面板，具体参数设置和效果如图 5.101 所示。单击☑按钮完成插入操作。

图 5.98　挤出参数和效果

图 5.99　创建的平面参数设置

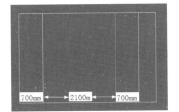

图 5.100　调点之后的效果

步骤 9： 将插入的面删除，框选留下的面，单击【挤出】命令右边的【设置】按钮，弹出参数设置浮动面板，具体参数设置和效果如图 5.102 所示。单击☑按钮完成挤出操作。

步骤 10： 再创建一个与"床头装饰框"的长宽一致的平面，命名为"床头装饰画"。将挤出的"床头装饰框"和"床头装饰画"及"窗棂花纹"调节好位置。最终效果如图 5.103 所示。

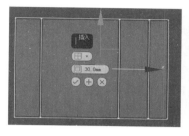
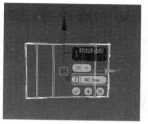

图 5.101　插入参数和效果　　　图 5.102　挤出参数和效果　　　图 5.103　床头装饰最终效果

视频播放："任务三：制作床头装饰"的详细介绍，请观看"任务三：制作床头装饰.mp4"视频文件。

任务四：床尾墙面装饰框制作

床尾墙面装饰框的制作主要是导入 CAD 图纸，根据 CAD 图纸绘制闭合曲线，对闭合曲线进行操作。制作方法与制作"天花吊顶装饰框"的方法相同，具体操作请参考前面介绍的方法或配套教材中的视频素材即可。最终效果如图 5.104 所示。

视频播放："任务四：床尾墙面装饰框制作"的详细介绍，请观看"任务四：床尾墙面装饰框制作.mp4"视频文件。

图 5.104　床尾墙面装饰框

任务五：筒灯的制作

筒灯的制作主要是通过对基本几何体进行编辑来完成，具体制作方法如下。

步骤 1： 在【创建命令】面板中单击【管状体】按钮，在【顶视图】中创建一个管状体对象，具体参数设置如图 5.105 所示。

步骤 2： 将"筒灯"转换为可编辑多边形。进入"边"编辑模式，选择底部的两条循环边，在【修改】面板中单击【切角】右边的【设置】按钮，弹出参数设置浮动面板，具

【任务四：床尾墙面装饰框制作】　　　【任务五：筒灯的制作】

图 5.105　筒灯参数设置

体参数设置和切角效果如图 5.106 所示。

　　步骤 3：在【创建命令】面板中单击【圆柱体】按钮，在【顶视图】中创建一个圆柱体，设置参数和调节位置，圆柱体的具体参数设置和位置如图 5.107 所示。

　　步骤 4：创建一个"VR-灯光材质"并将其赋予"筒灯片"模型。将"筒灯壳"和"筒灯片"创建一个名为"筒灯 01"的组。

　　步骤 5：将"筒灯 01"再复制 12 个，调节好筒灯的位置，具体位置如图 5.108 所示，效果如图 5.109 所示。

　　视频播放："任务五：筒灯的制作"的详细介绍，请观看"任务五：筒灯的制作.mp4"视频文件。

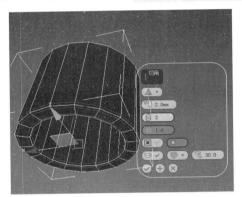

图 5.106　切角参数设置和效果

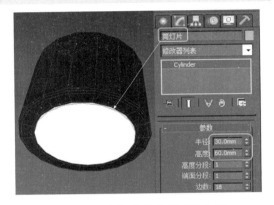

图 5.107　筒灯片参数设置和位置

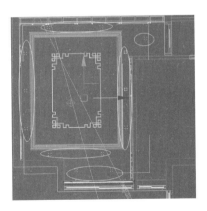

图 5.108　筒灯位置

图 5.109　筒灯效果

任务六：窗帘盒和窗帘的制作

　　窗帘制作的方法是：绘制二维曲线→对二维曲线进行挤出→将挤出对象转换为可编辑多边形→添加"FFD"修改，进行变形操作。具体制作方法如下。

【任务六：窗帘盒和窗帘的制作】

1．制作窗帘盒

步骤 1：在【创建命令】面板中单击【立方体】按钮，在【顶视图】中创建一个立方体对象，具体参数设置如图 5.110 所示。

步骤 2：将"窗帘盒"转换为可编辑多边形，进入"多边形"编辑模式，选择底部的面。在【修改】面板中单击【插入】右边的【设置】按钮，弹出【插入】参数设置浮动面板。具体参数设置如图 5.111 所示。单击✅按钮完成插入。

步骤 3：单击【挤出】按钮右边的【设置】按钮，弹出【挤出】参数设置浮动面板。具体参数设置如图 5.112 所示。单击✅按钮完成挤出。

2．制作窗帘

步骤 1：在【创建命令】面板中单击【图形】→【线】按钮，在【顶视图】中绘制如图 5.113 所示的二维曲线。

步骤 2：给绘制的二维曲线添加【挤出】命令，【挤出】的数量为 2500mm，命名为"窗帘纱 01"。效果如图 5.114 所示。

图 5.110　窗帘和参数设置

图 5.111　插入参数和效果

图 5.112　挤出参数和效果

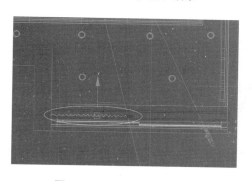

图 5.113　绘制的二维曲线

图 5.114　挤出的窗帘效果

步骤 3：将挤出的"窗帘纱 01"转换为可编辑多边形。

步骤 4：方法同上，创建"窗帘纱 02""遮阳窗帘 01""遮阳窗帘 02"。

步骤 5：分别给"遮阳窗帘 01"和"遮阳窗帘 02"添加【FFD4×4×4】命令。使用【缩放】和【移动】工具调节【FFD4×4×4】命令的控制点。对"遮阳窗帘 01"和"遮阳窗帘 02"进行变形操作。

步骤 6：再创建两个"管状体"，使用【缩放】工具进行缩放操作，作为"遮阳窗帘"的扎带，如图 5.115 所示。

图 5.115 制作好的窗帘效果

视频播放："任务六：窗帘盒和窗帘的制作"的详细介绍，请观看"任务六：窗帘盒和窗帘的制作.mp4"视频文件。

任务七：卧室家具的调用布置

主要介绍卧室家具的调用及布置。卧室家具主要包括"床""床头柜""休闲桌椅""电视""灯具"等造型。读者可以直接从配套素材中调用，也可以根据个人的创意重新建模，从而制作出更具个性的效果图。

步骤 1：打开"卧室装饰设计素模.max"文件，另存为"卧室装饰设计素模家具布置.max"。

步骤 2：选择 📷→ 导入 → 🔲 [3ds Max 次级建模导入菜单命令] 命令，弹出【合并文件】设置对话框，在弹出的对话框中选择"床模型.max"文件，单击【打开】按钮，弹出【合并-床模型.max】对话框。

步骤 3：在【合并-床模型.max】对话中选择"床与被子组合"文件，如图 5.116 所示。单击【确定】按钮弹出【重复材质名称】对话框，具体设置如图 5.117 所示。单击【自动重命名合并材质】按钮完成模型的导入。

步骤 4：使用【移动】和【旋转】工具调节好导入的模型位置，如图 5.118 所示。

【任务七：卧室家具的调用布置】

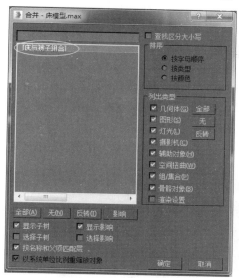

图 5.116　【合并-床模型.max】对话框

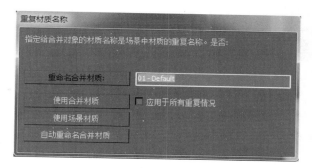

图 5.117　【重复材质名称】对话框

图 5.118　调节好位置的床的效果

步骤 5：方法同上，将其他卧室家具导入场景中，使用【移动】和【旋转】工具调节位置，最终效果如图 5.119 所示。

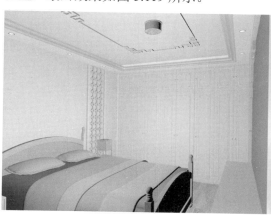

图 5.119　导入家具并调节好位置之后的效果

视频播放："任务七：卧室家具的调用布置"的详细介绍，请观看"任务七：卧室家具的调用布置.mp4"视频文件。

四、项目小结

本项目主要介绍了卧室装饰模型的制作。重点要求掌握吊顶、窗棂花纹和筒灯的制作原理、方法及技巧。

五、项目拓展训练

根据所学知识，制作卧室装饰模型效果，最终效果如下图所示。

【项目5：小结与拓展训练】

第6章
卧室空间表现

技能点

项目 1：卧室材质粗调
项目 2：参数优化、灯光布置和输出光子图
项目 3：卧室材质细调和渲染输出
项目 4：卧室效果图后期处理

说　明

本章主要通过 4 个项目全面介绍卧室空间表现的原理、流程、方法及技巧。

教学建议课时数

一般情况下需要 20 课时，其中理论 6 课时，实际操作 14 课时(特殊情况可做相应调整)。

【第 6 章：基本概况】

在中式卧室设计过程中,顶面一般采用木线、角花、木花格装饰,而墙面使用木线和壁纸混合形式的装饰,以体现出中式设计风格的色彩特点。地面一般采用颜色比较深的木地板或仿古地砖。只有深色的木地板或仿古地砖才能承载起中式装饰浓重、内敛的风格。

卧室中的主要家具是床、床头柜、电视柜,在装饰设计过程中,这些家具的选择需要根据卧室空间的大小来确定。如果卧室空间比较小,就不适合选择带"挂幔帐"架子的中式床;如果空间比较大,选择带"挂幔帐"架子的中式床则比较合适。

项目 1:卧室材质粗调

一、项目预览

项目效果和相关素材位于"第 6 章/项目 1:卧室材质粗调"文件夹中。本项目主要介绍卧室中各种材质的粗调。

【项目 1:基本概况】

二、项目效果及制作步骤(流程)分析

项目部分效果图：

本项目制作流程：

任务一：木纹材质的制作➡任务二："被子材质"的制作➡任务三：枕头和床单材质的制作➡任务四：其他材质的制作

三、项目详细过程

在项目制作过程中需要解决以下几个问题：

(1) "多维/子对象"材质的贴图原理及制作方法。

(2) "被子材质"的 ID 号有什么作用？

(3) 中式卧室室内装饰搭配需要注意什么？

任务一：木纹材质的制作

在中式卧室中，大部分家具和装饰都采用木纹材质，所以对木纹的纹理和颜色的选择直接关系到整个卧室空间效果的表现。在本项目中，卧室主要采用红木材质饰面板。具体制作方法如下。

步骤 1：启动 3ds Max 2016。打开"卧室装饰设计素模家具布置.max"文件，将其另存为"卧室装饰设计材质粗调.max"。

步骤 2：单击 (材质编辑器)按钮，打开【材质编辑】面板。在【材质编辑】面板中选择一个空白示例球，命名为"木纹材质"。

步骤 3：将标准材质切换为 VRayMtl 材质。单击"木纹材质"右边的【Standard】按钮，弹出【材质/贴图浏览器】对话框，在该对话框中双击【VRayMtl】命令即可。

步骤 4：单击【漫反射】右边的 按钮，弹出【材质/贴图浏览器】对话框，在该对话框中双击【位图】命令，弹出【选择位图图像文件】对话框，在该对话框中选择"木纹 011.jpg"文件，木纹效果如图 6.1 所示，单击【打开(O)】按钮。

步骤 5：将"木纹材质"赋予床、床头柜、吊顶边角线、装饰框、台灯及吊灯框架。根据需要添加"UVW 贴图"修改并选择相应的贴图方式。添加"木纹材质"之后效果如图 6.2 所示。

225

【任务一：木纹材质的制作】

图 6.1　贴图木纹效果

图 6.2　添加"木纹材质"的效果

视频播放:"任务一:木纹材质的制作"的详细介绍,请观看"任务一:木纹材质的制作.mp4"视频文件。

任务二:"被子材质"的制作

"被子材质"的制作主要通过"多维/子对象"材质与"VRayMtl"材质相结合来实现。具体方法如下。

步骤 1: 在【材质编辑】面板中选择一个空白示例球,命名为"被子材质"。

步骤 2: 将标准材质切换为"多维/子对象"材质。单击"被子材质"右边的【Standard】按钮,弹出【材质/贴图浏览器】对话框,在该对话框中双击【多维/子对象】命令,弹出【替换材质】对话框,在该对话框中选择"替换旧材质?"选项,单击【确定】按钮即可。

步骤 3: 设置子对象个数。单击【多维/子对象基本参数】卷展栏中的【设置数量】按钮,弹出【设置材质数量】对话框,设置"材质数量"为 3,单击【确定】按钮,完成子对象个数的设置,如图 6.3 所示。

步骤 4: 单击 ID 号为"1"的子材质对应的【无】按钮,弹出【材质/贴图浏览器】对话框,在该对话框中双击【VRayMtl】命令,即可将 ID 号为"1"的材质设置为 VRayMtl 材质。将材质命名为"被子正面材质"

步骤 5: 给"被子正面材质"中的【漫反射】添加一张如图 6.4 所示的纹理材质,设置参数,具体调节如图 6.5 所示。

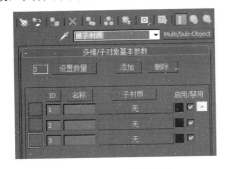

图 6.3　子对象的个数

图 6.4　位图纹理效果

步骤 6: 将 ID 号为"2"的子材质设置为 VRayMtl 材质,将材质命名为"被子包边材质",给【漫反射】添加一张位图纹理材质,纹理效果和参数设置如图 6.6 所示。

【任务二:"被子材质"的制作】

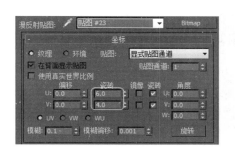

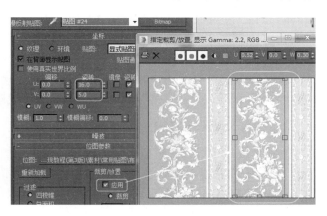

图 6.5　位图参数设置　　　　　　　　图 6.6　纹理效果和参数设置

步骤 7：将 ID 号为"3"的模型设置为 VRayMtl 材质，将材质命名为"被子背面材质"，给【漫反射】添加一张位图纹理材质，纹理效果和参数设置如图 6.7 所示。"被子材质"参数面板如图 6.8 所示。

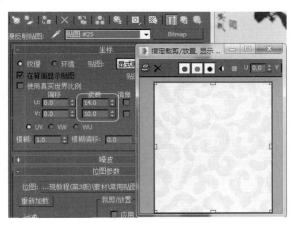

图 6.7　纹理效果和参数设置

步骤 8：将"被子材质"赋予被子，效果如图 6.9 所示。

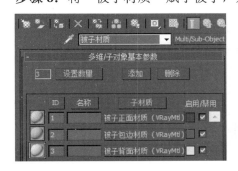

图 6.8　"被子材质"参数面板　　　　　图 6.9　被子赋予材质的效果

视频播放："任务二：'被子材质'的制作"的详细介绍，请观看"任务二：'被子材质'

的制作.mp4"视频文件。

任务三：枕头和床单材质的制作

枕头和床单材质的制作比较简单，在【材质编辑器】中指定一个空白示例球，将材质转换为 VRayMtl 材质，再指定【漫反射】的贴图纹理即可。

1. "枕头材质"的制作

步骤 1：在【材质编辑器】中指定一个空白示例球，将其命名为"枕头材质"。

步骤 2：将标准材质切换为 VRayMtl 材质。单击"枕头材质"右边的【Standard】按钮，弹出【材质/贴图浏览器】对话框，在该对话框中双击【VRayMtl】命令即可。

步骤 3：单击【漫反射】右边的■按钮，弹出【材质/贴图浏览器】对话框，在该对话框中双击【位图】命令，弹出【选择位图图像文件】对话框，在该对话框中选择"抱枕布纹 12.jpg"文件，布纹效果如图 6.10 所示，单击【打开(O)】按钮即可。

2. "床单材质"的制作

"床单材质"的制作方法与"枕头材质"的制作方法完全相同，贴图位图也一样，只是贴图位图的参数不同。该贴图位图的参数设置如图 6.11 所示。具体操作步骤不再详细介绍。将"枕头材质"和"床单材质"赋予枕头和床单模型，效果如图 6.12 所示。

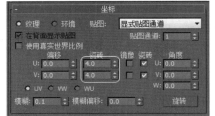

图 6.10　贴图布纹效果　　　图 6.11　"床单材质"的位图　　图 6.12　枕头和床单赋予
　　　　　　　　　　　　　　　　　　　参数设置　　　　　　　　　　　材质的效果

视频播放："任务三：枕头和床单材质"的详细介绍，请观看"任务三：枕头和床单材质.mp4"视频文件。

任务四：其他材质的制作

其他材质主要包括"VR-灯光材质""窗帘纱材质""窗帘材质""床头背景材质""休闲椅布纹材质""床尾背景材质"。这些材质的制作比较简单，具体制作方法如下。

1. "VR-灯光材质"的制作

步骤 1：在【材质编辑器】中选择一个空白示例球，将其命名为"VR-灯光材质"。

步骤 2：将标准材质切换为"VR-灯光材质"。单击"VR-灯光材质"右边的【Standard】按钮，弹出【材质/贴图浏览器】对话框，在该对话框中双击【VR-灯光材质】命令即可。

步骤 3："VR-灯光材质"的颜色设置为淡黄色(R：255、G：175、B：90)。

【任务三：枕头和床单材质的制作】　　　　　　【任务四：其他材质的制作】

步骤 4：将"VR-灯光材质"赋予所有筒灯的灯皮和台灯的灯皮。

2."休闲椅布纹材质"的制作

"休闲椅布纹材质"的制作大致步骤如下。

步骤 1：在【材质编辑器】中选择一个空白示例球，将其命名为"休闲椅布纹材质"。

步骤 2：将标准材质切换为"VRayMtl 材质"。单击"休闲椅布纹材质"右边的【Standard】按钮，弹出【材质/贴图浏览器】对话框，在该对话框中双击【VRayMtl】命令即可。

步骤 3：给"休闲椅布纹材质"的【漫反射】添加一张如图 6.13 所示的位图贴图。

步骤 4：将"休闲椅布纹材质"赋予休闲椅的坐垫和靠背。并根据需要给每个坐垫和靠背添加【UVW 贴图】修改器，选择合适的贴图方式。效果如图 6.14 所示。

3."床头背景材质"和"床尾背景材质"的制作

"床头背景材质"和"床尾背景材质"的制作方法和原理完全相同，只是【漫反射】的贴图不同而已。分别给"床头背景材质"和"床尾背景材质"的漫反射添加一张如图 6.15 所示的位图贴图即可。

图 6.13　位图贴图
图片

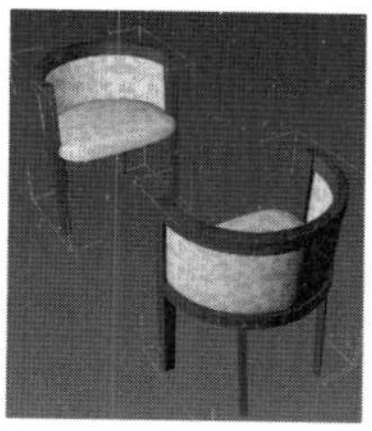

图 6.14　贴图之
后的效果

图 6.15　"床头"和"床尾"背景的位图贴图

4."窗帘材质"和"窗帘纱材质"的制作

(1)"窗帘材质"的制作。

步骤 1：在【材质编辑器】中选择一个空白示例球，将其命名为"窗帘材质"。

步骤 2：将标准材质切换为"VRayMtl 材质"。单击"窗帘材质"右边的【Standard】按钮，弹出【材质/贴图浏览器】对话框，在该对话框中双击【VRayMtl】命令。

步骤 3：给"窗帘材质"的【漫反射】添加一张如图 6.16 所示的位图贴图。

步骤 4：将"窗帘材质"赋予窗帘，并根据需要给窗帘添加【UVW 贴图】修改器。选择"长方体"贴图方式，根据实际效果调节长、宽和高的参数。

(2)"窗帘纱材质"的制作。

"窗帘纱材质"的制作请读者参考第 4 章或配套素材中的视频。将材质赋予窗帘纱。窗帘和窗帘纱的最终效果如图 6.17 所示。

图6.16　位图贴图

图6.17　窗帘和窗帘纱的最终效果

四、项目小结

本项目主要介绍了"木纹材质""被子材质""枕头材质""床单材质"及其他材质的制作。重点要掌握"被子材质"中的"多维/子对象材质"的应用及"窗帘纱"材质的制作。

五、项目拓展训练

根据所学知识，打开"中式卧室拓展训练.max"文件进行材质粗调。最终效果如下图所示。

项目2：参数优化、灯光布置和输出光子图

一、项目预览

项目效果和相关素材位于"第6章/项目2：参数优化、灯光布置和输出光子图"文件夹中。本项目主要介绍参数优化、灯光布置和输出光子图的方法及技巧。

【项目1：小结与拓展训练】　　【项目2：基本概况】

二、项目效果及制作步骤(流程)分析

项目部分效果图：

本项目制作流程：

任务一：优化参数➡任务二：布置卧室灯光➡任务三：输出光子图

三、项目详细过程

在项目制作过程中需要解决以下几个问题：

(1) 光度学灯光的作用和使用方法。

(2) IES 灯光的作用和使用方法。

(3) Web 灯光的作用和使用范围。

任务一：优化参数

将"卧室装饰设计素模家具布置.max"文件另存为"卧室装饰设计灯光布置.max"文件。对文件进行参数优化，参数的具体优化过程请读者参考"第 4 章中的项目 3 中的任务一"的具体操作或观看配套素材中的教学视频。

视频播放： "任务一：优化参数"的详细介绍，请观看"任务一：优化参数.mp4"视频文件。

任务二：布置卧室灯光

灯光布置主要包括天光、台灯和吊灯、吊灯的灯带和筒灯的布置。具体操作方法如下。

1. 布置天光

在第 4 章中介绍了使用 V-Ray 中的面光源制作天光，在此，使用 V-Ray 中的环境光来制作天光。具体操作步骤如下。

步骤 1： 单机 (渲染设置)按钮，弹出【渲染设置】对话框。在该对话框中选择【V-Ray】项，切换到【V-Ray】选项参数设置。

步骤 2： 设置【V-Ray】选项参数，具体设置如图 6.18 所示。

【任务一：优化参数】　　　　【任务二：布置卧室灯光】

2. 布置台灯和吊灯

台灯和吊灯的布置主要使用 V-Ray 灯光中的"球体"类型来模拟。具体操作方法如下。

步骤 1：在【创建命令】面板中单击◀(灯光)按钮切换到【灯光】创建面板。

步骤 2：在【灯光】创建面板选择【V-Ray】灯光类型。单击【VR-灯光】按钮，在【顶视图】中创建一个"VR-灯光"，灯光的颜色为淡黄色(R：255、G：158、B：44)，灯光的具体参数设置如图 6.19 所示。

图 6.18　天光参数设置

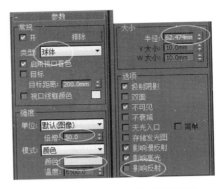

图 6.19　"VR-灯光"参数设置

步骤 3：将创建的灯光以实例方式复制两个，分别放置到台灯和吊灯的中间，如图 6.20 所示。

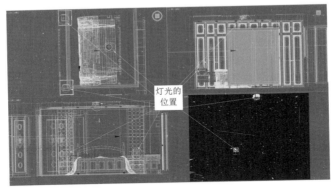

图 6.20　灯光的位置

3. 布置吊顶的灯带

吊顶的灯带主要通过"VR-灯光材质"来实现。具体制作方法如下。

步骤 1：绘制灯带模型。在【创建命令】面板中单击▣(图形)→【线】按钮，在【前视图】中绘制闭合曲线。

步骤 2：闭合曲线的具体参数设置如图 6.21 所示。在各个视图中的位置如图 6.22 所示。

步骤 3：在【材质编辑器】中选择一个空白示例球并命令为"灯带材质"。

步骤 4：将标准材质切换为"VR-灯光材质"。单击"灯带材质"右边的【Standard】按钮，弹出【材质/贴图浏览器】对话框，在该对话框中双击【VR-灯光材质】命令即可，具体参数设置如图 6.23 所示。

步骤 5：将"灯带材质"赋予"灯带"模型。

4. 筒灯布置

筒灯的模拟主要通过使用光度学灯光中的 IES 文件来制作。具体操作方法如下。

步骤 1：在【创建命令】面板中切换到【光度学】选项。单击【自由灯光】按钮，在【顶视图】中创建一个自由灯光。

步骤 2：将【灯光分布(类型)】设置为【光度学 Web】类型。

步骤 3：单击【分布(光度学 Web)】卷展栏下的【选择光度学文件】按钮，弹出【打开光域 Web 文件】对话框，在该对话框中选择素材中提供的"19.ies"文件，单击【打开(O)】即可将自由灯光切换为 IES 灯光，参数采用默认参数设置。

图 6.21　"灯带"参数设置

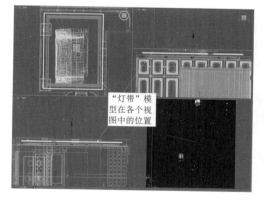

图 6.22　"灯带"在各视图中的位置

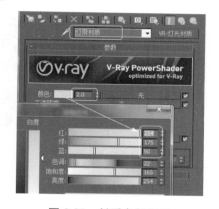

图 6.23　材质参数设置

步骤 4：将创建的灯光以实例方式复制 12 盏，将灯光放置到各个筒灯的下面，具体位置如图 6.24 所示。创建完灯光之后的效果如图 6.25 所示。

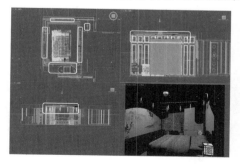

图 6.24　筒灯的布置位置

图 6.25　灯光布置完毕之后效果

视频播放:"任务二:布置卧室灯光"的详细介绍,请观看"任务二:布置卧室灯光.mp4"视频文件。

任务三: 输出光子图

光子图的输出请读者参考本书第 4 章中输出光子图的详细介绍或参考配套素材中的教学视频。

视频播放:"任务三:输出光子图"的详细介绍,请观看"任务三:输出光子图.mp4"视频文件。

四、项目小结

本项目主要介绍了卧室空间表现的参数优化、灯光布置和光子图的输出。重点要求掌握灯光布置中的 Web 灯光的作用、使用方法及技巧。

五、项目拓展训练

根据所学知识,打开"中式卧室拓展训练.max"文件进行参数优化、灯光布置和输出光子图。

项目 3: 卧室材质细调和渲染输出

一、项目预览

项目效果和相关素材位于"第 6 章/项目 3:卧室材质细调和渲染输出"文件夹中。本项目主要介绍细调材质和渲染输出等相关知识。

二、项目效果及制作步骤(流程)分析

项目部分效果图:

【任务三:输出光子图】　　【项目2:小结与拓展训练】　　【项目3:基本概况】

本项目制作流程：

任务一：细调"木纹材质"➡任务二：细调"被子材质""枕头材质""床尾装饰画"➡
任务三：其他材质细调➡任务四：调节灯光参数和渲染输出

三、项目详细过程

在项目制作过程中需要解决以下几个问题：

(1) 在进行细调材质之前，需要调节哪些渲染设置参数？

(2) 怎样提取需要进行细调的材质？

(3) 细调材质的基本流程。

(4) 怎样制作 AO 图和分色图？

任务一：细调"木纹材质"

步骤 1：打开【材质编辑器】对话框，在该对话框中选择【实用程序(U)】→【重置材质编辑器窗口】命令，将【材质编辑器】进行重置。

步骤 2：选择【材质编辑器】中第 1 个空白示例球。单击█(从对象拾取材质)按钮，在场景中单击任意一个赋予了"木纹材质"的对象，即可将"木纹材质"拾取出来。

步骤 3："木纹材质"的具体参数设置如图 6.26 所示。

视频播放："任务一：细调'木纹材质'"的详细介绍，请观看"任务一：细调'木纹材质'.mp4"视频文件。

任务二：细调"被子材质""枕头材质""床尾装饰画"

步骤 1：选择【材质编辑器】中第 1 个空白示例球。单击█(从对象拾取材质)按钮，在场景中单击被子模型，即可将"被子材质"拾取出来。

步骤 2："被子材质"为一个"多维/子对象"材质，如图 6.27 所示。依次单击"子材质"进入子材质编辑面板，在该面板中将【反射】参数组中的【细分】值设置为 50。

步骤 3：选择【材质编辑器】中第 1 个空白示例球。单击█(从对象拾取材质)按钮，在场景中单击枕头模型，即可将"枕头材质"拾取出来。

步骤 4：【反射】参数组中的【细分】值设置为 50。

步骤 5：使用█(从对象拾取材质)按钮将"床尾装饰画"材质拾取出来。将【细分】值设置为 50，如图 6.28 所示。

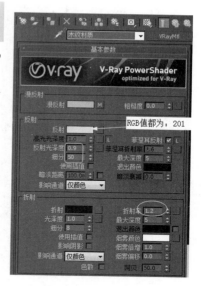

图 6.26　"木纹材质"细调

视频播放："任务二：细调'被子材质''枕头材质''床尾装饰画'"的详细介绍，请观看"任务二：细调'被子材质''枕头材质''床尾装饰画'.mp4"视频文件。

【任务一：细调"木纹材质"】　　　【任务二：细调"被子材质""枕头材质""床尾装饰画"】

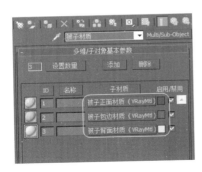

图 6.27　被子材质面板

图 6.28　"床尾装饰画"材质参数

任务三：其他材质细调

其他材质主要包括"休闲椅布纹材质""床头背景材质""床尾背景材质""窗帘材质"。这些材质调节比较简单，使用按钮将材质拾取出来。将【漫反射】中的【细分】值设置为 50，在此就不再详细介绍。

> **视频播放**："任务三：其他材质细调"的详细介绍，请观看"任务三：其他材质细调.mp4"视频文件。

任务四：调节灯光参数和渲染输出

灯光的调节比较简单，只要将创建的所有灯光的【细分】值设置为 50。其他参数采用默认即可。

渲染输出的具体操作如下。

步骤 1：打开【渲染设置】对话框。选择【公用】选项，设置参数。具体设置如图 6.29 所示。

步骤 2：单击【V-Ray】选项按钮，设置参数。具体设置如图 6.30 所示。

步骤 3：选择【GI】选项，设置参数。具体设置如图 6.31 所示。

步骤 4：单击【渲染】按钮即可对场景进行渲染。效果如图 6.32 所示。

步骤 5：将摄像机切换到"Camera002"。保存文件为"卧室 02.tif"。再次渲染第 2 个角度的效果。最终效果如图 6.33 所示。

图 6.29　【公用】选项参数设置

【任务三：其他材质细调】

【任务四：调节灯光参数和渲染输出】

步骤 6：将所有射灯(光度学 Web)中的阴影参数选项取消，如图 6.34 所示，再对两个摄像机角度进行渲染，渲染的效果如图 6.35 所示。

图 6.30　【V-Ray】选项参数设置

图 6.31　【GI】选项参数设置

图 6.32　"Camera001"角度的效果

图 6.33　"Camera002"角度的效果

图 6.34　射灯参数调节

图 6.35　取消阴影之后的渲染效果

步骤7：参考"第4章 客厅、餐厅和阳台空间表现/项目4：对客厅、餐厅和阳台材质进行细调和渲染输出/任务五：AO图与分色图的渲染输出"，将卧室的"AO图"和"分色图"渲染输出。效果如图6.36所示。

图 6.36 两个角度的"AO图"和"分色图"效果

视频播放："任务四：调节灯光参数和渲染输出"的详细介绍，请观看"任务四：调节灯光参数和渲染输出.mp4"视频文件。

四、项目小结

本项目主要介绍了各种材质的细调、"AO图"和"分色图"的渲染输出，以及灯光参数的细调。重点掌握细调材质的基本流程、方法及技巧。

五、项目拓展训练

根据所学知识，打开"中式卧室拓展训练.max"文件进行细调，输出成品图、"AO图"和"分色图"，最终效果如下图所示。

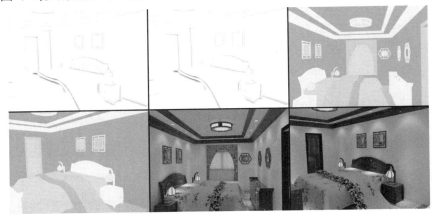

项目4：卧室效果图后期处理

一、项目预览

项目效果和相关素材位于"第6章/项目4：卧室效果图后期处理"文件夹中。本项目主要介绍卧室效果图后期处理的相关知识。

【项目3：小结与拓展训练】　　【项目4：基本概况】

二、项目效果及制作步骤(流程)分析

项目部分效果图:

本项目制作流程:

任务一: 处理摄像机 01 角度开启射灯的效果➡任务二: 处理摄像机 01 角度不开启射灯的效果➡任务三: 处理摄像机 02 角度的效果图

三、项目详细过程

在项目制作过程中需要解决以下几个问题:

(1) 效果图后期处理的基本流程。

(2) 效果图后期处理的基本原理。

(3) Photoshop 软件中常用特效的使用方法、原理及技巧。

(4) 蒙版图层和调整图层的使用原理、方法及技巧。

在本项目中主要制作卧室空间后期处理,包括两个不同的角度及开启与不开启射灯的效果。具体制作方法如下。

任务一: 处理摄像机 01 角度开启射灯的效果

步骤 1: 启动 Photoshop 软件,打开渲染输出的效果图,如图 6.37 所示。

步骤 2: 将打开的文件另存为"卧室角度 01 开启射灯.psd"文件。在【图层】面板中双击"背景"图层。弹出【新建图层】对话框,保持默认设置,单击【确定】按钮即可将"背景"图层转换为"图层 0"。

步骤 3: 调节图像的色阶。在【图层】面板的下方单击 ◢ (创建新的填充或调整图层)按钮弹出快捷菜单,在弹出的快捷菜单中选择【色阶…】命令即可添加一个"色阶"调整图层。具体参数调节如图 6.38 所示。调节之后的效果如图 6.39 所示。

图 6.37　需要处理的渲染效果

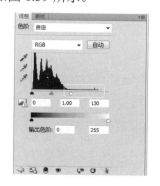

图 6.38　"色阶"参数设置

239

【任务一: 处理摄像机 01 角度开启射灯的效果】

步骤 4：在【图层】面板的下方单击 （创建新的填充或调整图层)按钮弹出快捷菜单，在弹出的快捷菜单中选择【亮度/对比度…】命令即可添加一个"亮度/对比度…"调整图层。具体参数调节如图 6.40 所示。调节之后的效果如图 6.41 所示。

图 6.39　调节之后的效果

图 6.40　"亮度/对比度…"参数设置

步骤 5：在【图层】面板的下方单击 （创建新的填充或调整图层)按钮弹出快捷菜单，在弹出的快捷菜单中选择【曲线…】命令即可添加一个"曲线…"调整图层。具体参数调节如图 6.42 所示。调节之后的效果如图 6.43 所示。

图 6.41　调节之后的效果

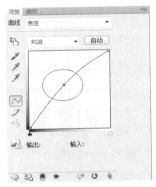

图 6.42　"曲线…"调节

步骤 6：打开如图 6.44 所示的"分色图"，将其复制到"卧室角度 01 开启射灯.psd"文件中，"图层"的位置如图 6.45 所示。

图 6.43　调节之后的效果

图 6.44　打开的"分色图"

步骤 7：确保"分色层"被选中，单击 (魔棒工具)，在图像编辑区单击，选择如图 6.46 所示的区域。

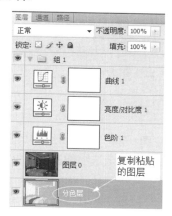

图 6.45　"图层"的位置

图 6.46　选择的图像区域

步骤 8：选择【图层 0】，按 Ctrl＋C 组合键复制选区内容。再按 Ctrl＋V 组合键将复制内容粘贴到当前位置。图层面板效果如图 6.47 所示。

步骤 9：在菜单栏中选择【滤镜】→【模糊】→【表面模糊】命令，弹出【表面模糊】对话框，具体参数设置如图 6.48 所示。单击【确定】按钮，效果如图 6.49 所示。

图 6.47　复制粘贴的"图层"

图 6.48　"滤镜模糊"参数

图 6.49　添加"表面模糊"
之后的效果

步骤 10：选择除【分色层】之外的所有图层，按 Ctrl＋E 组合键合并选择图层。并将合并之后的"图层"重命名为"卧室效果"，合并之后的效果如图 6.50 所示。

步骤 11：复制图层。选择"卧室效果"图层，按 Ctrl＋J 组合键，复制出一个副本图层。如图 6.51 所示。

步骤 12：在【图层面板】的下方单击 (添加图层蒙版)按钮，给副本图层添加一个蒙版，如图 6.52 所示。

图 6.50　合并之后的图层

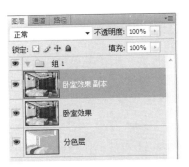

图 6.51　复制的副本图层

步骤 13： 打开如图 6.53 所示的 "AO 图"。按 Ctrl＋A 组合键全选图像区域。再按 Ctrl＋C 组合键复制选择区域。

步骤 14： 切换到 "卧室角度 01 开启射灯.psd" 文件。按住 Alt 键单击 "卧室效果图副本" 图层的蒙版区域。按 Ctrl＋V 组合键，将 "AO 图" 复制到蒙版区域中。再按 Ctrl＋I 组合键将蒙版反向。

步骤 15： 设置 "卧室效果副本" 图层的 "叠加模式" 和 "不透明度" 参数，具体设置如图 6.54 所示。最终效果如图 6.55 所示。

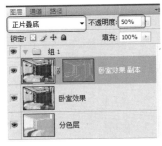

图 6.52　添加蒙版的图层　　　　图 6.53　打开的 AO 图　　　　图 6.54　图层参数设置

步骤 16： 合并所有图层。再将合并图层复制一个副本图层，如图 6.56 所示。

步骤 17： 单击 (裁剪工具)，在图像编辑区框选所有区域。再按住 Alt＋Shift 组合键，在裁剪区域拖拽出一个填充区域，如图 6.57 所示。

图 6.55　调节图层之后的效果　　　图 6.56　复制的副本图层　　　图 6.57　拖拽出来的区域

步骤 18： 按 Enter 键，将图像区域扩大至裁剪区。再按 Ctrl＋Delete 组合键，将最底层的图层填充为背景色(确保背景色为黑色)。效果如图 6.58 所示。

步骤 19：选择"卧室效果"图层。在菜单栏中选择【编辑(E)】→【描边(S)…】命令，弹出【描边】对话框，具体设置如图 6.59 所示。单击【确定】按钮完成描边。最终效果如图 6.60 所示。

图 6.58　填充背景之后的效果　　图 6.59　【描边】命令参数　　图 6.60　最终效果

视频播放："任务一：处理摄像机 01 角度开启射灯的效果"的详细介绍，请观看"任务一：处理摄像机 01 角度开启射灯的效果.mp4"视频文件。

任务二：处理摄像机 01 角度不开启射灯的效果

步骤 1：启动 Photoshop 软件，打开渲染输出的效果图，如图 6.61 所示。

步骤 2：将打开的文件另存为"卧室角度 01 不开启射灯.psd"文件。在【图层】面板中双击"背景"图层。弹出【新建图层】对话框，保持默认设置，单击【确定】按钮即可将"背景"图层转换为"图层 0"。

步骤 3：调节图像的色阶。在【图层】面板的下方单击 （创建新的填充或调整图层）按钮弹出快捷菜单，在弹出的快捷菜单中选择【色阶…】命令即可添加一个"色阶"调整图层。具体参数调节如图 6.62 所示。调节之后的效果如图 6.63 所示。

　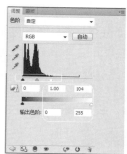　

图 6.61　打开的图像效果　　图 6.62　【色阶…】参　　图 6.63　调节【色阶…】参数之后的效果
　　　　　　　　　　　　　数设置

步骤 4：在【图层】面板的下方单击 （创建新的填充或调整图层）按钮弹出快捷菜单，在弹出的快捷菜单中选择【亮度/对比度…】命令即可添加一个"亮度/对比度…"调整图层。具体参数调节如图 6.64 所示。调节之后的效果如图 6.65 所示。

243

【任务二：处理摄像机 01 角度不开启射灯的效果】

图 6.64 【亮度/对比度…】参数设置

图 6.65 调节【亮度/对比度…】参数之后的效果

步骤 5： 在【图层】面板的下方单击 按钮弹出快捷菜单，在弹出的快捷菜单中选择【曲线…】命令即可添加一个"曲线…"调整图层。具体参数调节如图 6.66 所示。调节之后的效果如图 6.67 所示。

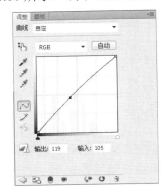

图 6.66 【曲线…】参数设置

图 6.67 调节【曲线…】参数之后的效果

步骤 6： 打开如图 6.68 所示的"分色图"，将其复制到"卧室角度 01 不开启射灯.psd"文件中，"图层"的位置如图 6.69 所示。

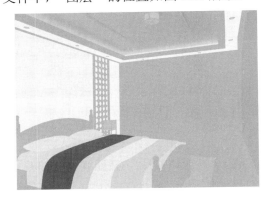

图 6.68 打开的"分色图"

图 6.69 "图层"的位置

步骤 7：确保"分色层"被选中，单击 （魔棒工具），在图像编辑区单击，选择如图 6.70 所示的区域。

步骤 8：选择【图层 0】，按 Ctrl＋C 组合键复制选区内容。再按 Ctrl＋V 组合键将复制的内容粘贴到当前位置。图层面板效果如图 6.71 所示。

步骤 9：在菜单栏中选择【滤镜】→【模糊】→【表面模糊】命令，弹出【表面模糊】对话框，具体参数设置如图 6.72 所示。单击【确定】按钮，效果如图 6.73 所示。

图 6.70　选择的图像区域　　图 6.71　复制粘贴的"图层"　　图 6.72　"滤镜模糊"参数

步骤 10：选择除【分色层】之外的所有图层，按 Ctrl＋E 组合键合并选择图层，并将合并之后的"图层"重命名为"卧室效果"，合并之后的效果如图 6.74 所示。

步骤 11：复制图层。选择"卧室效果"图层，按 Ctrl＋J 组合键，复制出一个副本图层。如图 6.75 所示。

图 6.73　添加"表面模糊"之后的效果　　图 6.74　合并之后的图层　　图 6.75　复制的副本图层

步骤 12：在【图层面板】的下方单击 （添加图层蒙版)按钮，给副本图层添加一个蒙版，如图 6.76 所示。

步骤 13：打开如图 6.77 所示的"AO 图"。按 Ctrl＋A 组合键全选图像区域。再按 Ctrl＋C 组合键，复制选择区域。

步骤 14：切换到"卧室角度 01 不开启射灯.psd"文件。按住 Alt 键单击"卧室效果图副本"图层的蒙版区域。按 Ctrl＋V 组合键，将"AO 图"复制到蒙版区域中。再按 Ctrl＋I 组合键将蒙版反向，如图 6.78 所示。

步骤 15：设置"卧室效果副本"图层的"叠加模式"和"不透明度"参数，具体设置如图 6.78 所示。最终效果如图 6.79 所示。

图 6.76　添加蒙版的图层　　　　图 6.77　打开的"AO图"　　　　图 6.78　图层参数设置

步骤 16：合并所有图层。再将合并图层复制一个副本图层，如图 6.80 所示。

步骤 17：单击 (裁剪工具)，在图像编辑区框选所有区域。再按住 Alt＋Shift 组合键，将裁剪区域拖拽出一个填充区域，如图 6.81 所示。

图 6.79　调节图层之后的效果　　　图 6.80　复制的副本图层　　　图 6.81　拖拽出来的区域

步骤 18：按 Enter 键，将图像区域扩大至裁剪区。再按 Ctrl＋Delete 组合键，将最底层的图层填充为背景色(确保背景色为黑色)。效果如图 6.82 所示。

步骤 19：选择"卧室效果"图层。在菜单栏中选择【编辑(E)】→【描边(S)…】命令，弹出【描边】对话框，具体设置如图 6.83 所示。单击【确定】按钮完成描边。最终效果如图 6.84 所示。

图 6.82　填充背景之后的效果　　图 6.83　"描边"命令参数设置　　图 6.84　最终效果

视频播放："任务二：处理摄像机 01 角度不开启射灯的效果"的详细介绍，请观看"任务二：处理摄像机 01 角度不开启射灯的效果.mp4"视频文件。

任务三：处理摄像机 02 角度的效果图

摄像机 02 角度的效果也需要处理两张，一幅为射灯开启的效果，另一幅为射灯不开启的效果。这两幅效果图的处理方法与摄像机 01 角度的效果处理方法相同。在此就不再详细介绍。请读者参考配套素材中的教学视频学习。

处理完之后的效果如图 6.85 所示。

图 6.85　摄像机 02 角度的效果

视频播放："任务三：处理摄像机 02 角度的效果图"的详细介绍，请观看"任务三：处理摄像机 02 角度的效果图.mp4"视频文件。

四、项目小结

本项目主要介绍了效果图后期处理的基本流程、原理、方法及技巧。重点要掌握后期效果图处理的原理及 Photoshop 中滤镜的应用。

五、项目拓展训练

根据所学知识，打开"中式卧室拓展训练渲染图"文件进行后期处理，参考效果如下图所示。

【任务三：处理摄像机 02 角度的效果图】　　【项目4：小结与拓展训练】

参 考 文 献

鼎翰科技，尹新梅，2005. 抽丝剥茧——3ds max 7/Lightscape 3.2 室内装饰效果图设计[M]. 北京：人民邮电出版社.

高峰，2006. 3ds max 8 建筑与室内设计经典 108 例[M]. 北京：中国青年出版社.

贾云鹏，2006. 3ds Max in Animated Films/TVs 三维动画制作基础[M]. 北京：海洋出版社.

雷波，2005. 风格演绎 3ds max 7 室内设计表现[M]. 北京：中国青年出版社.

刘岳，马珀，等，2003. 3ds max 5 中西式室内外工程特效设计[M]. 北京：海洋出版社.

亓鑫辉，李成勇，2007. Autodesk 3ds Max 9 标准培训教材 I [M]. 北京：人民邮电出版社.

袁素玉，李茹菡，吴蓉，等，2007. 3ds max 9＋Photoshop CS2 园林效果图经典案例解析[M]. 北京：电子工业出版社.

朱仁成，刘继文，等，2006. 3ds max 7 中文版室内装潢艺术与效果表现[M]. 北京：电子工业出版社.